河南平原地区主要林业有害生物防治技术

田群芳　郑海霞　王建娜　主编

黄河水利出版社
·郑州·

内容提要

本书主要内容包括林业有害生物基础知识、林业有害生物综合防治技术、主要虫害识别与防治、主要病害识别与防治、林业有害生物调查。林业有害生物防治和调查工作是紧密相连的，只有做好监测、调查、科学分析研判，把生物防治、物理防治、化学防治结合起来，科学合理地使用农药，才能达到理想的效果。

本书可供从事林业的技术人员以及相关领域人员阅读参考。

图书在版编目(CIP)数据

河南平原地区主要林业有害生物防治技术/田群芳，郑海霞，王建娜主编. —郑州:黄河水利出版社，2022.6

ISBN 978-7-5509-3321-7

I.①河… II.①田… ②郑… ③王… III.①平原-森林植物-病虫害防治-河南 IV.①S763.1

中国版本图书馆 CIP 数据核字(2022)第 108604 号

出　版　社:黄河水利出版社
　　　　　　地址:河南省郑州市顺河路黄委会综合楼 14 层　邮政编码:450003
发行单位:黄河水利出版社
　　　　　　发行部电话:0371-66026940、66020550、66028024、66022620(传真)
　　　　　　E-mail:hhslcbs@126.com
承印单位:广东虎彩云印刷有限公司
开本:890 mm×1 240 mm　1/32
印张:5.25
字数:180 千字　　　　　　　　印数:1—1 000
版次:2022 年 6 月第 1 版　　　印次:2022 年 6 月第 1 次印刷
定价:68.00 元

《河南平原地区主要林业有害生物防治技术》
编 委 会

主　编：田群芳（滑县林业总站）

　　　　郑海霞（兰考县林业服务中心）

　　　　王建娜（鹤壁市森林病虫害防治检疫站）

副主编：王世全（滑县林业总站）

　　　　刘参军（滑县林业总站）

　　　　霍秋宇（开封市森林病虫害防治检疫站）

　　　　陈　亮（安阳市森林病虫害防治检疫站）

　　　　赵常伟（滑县林业总站）

编　委：王聪聪　赵玮琪　李全保（滑县林业总站）

　　　　李　杨　张琳璐（安阳市殷都区林业局）

　　　　张小会（安阳市安林生物化工有限责任公司）

　　　　薛瑞军（安阳市安林生物化工有限责任公司）

　　　　张小雨（安阳市龙安区林业局）

　　　　郭武杰（郑州市昌安植物保护有限公司）

　　　　时东峰（太康县林业局）

前　言

　　林业有害生物防治是遏制我国林业有害生物严重发生局面的迫切需要,是维护公共安全、建设生态文明的必然选择,是推进乡村振兴、保护农民利益的重要保障,为全面掌握林业有害生物现状,满足科学防治和生态文明建设的需要,在2014~2016年国家组织的第三次林业有害生物普查工作的基础上,自2017年以来,历经5年的跟踪调查,为总结多年的普查成果,科学指导本地区今后的林业有害生物防治工作,我们组织多地林业技术力量,将普查拍摄的图片和几年来的测报防治技术实践经验整理成书,以普及防治知识,动员和调动社会各方面的积极性,形成群防群控、联防联治的良好氛围。

　　本书共分5章,第一章林业有害生物基础知识,简要介绍了林业有害生物基本概念、林木昆虫基础知识、病害基础知识;第二章林业有害生物综合防治技术,简要介绍了生物防治、物理防治、化学防治基本知识和一些农药的基本知识及使用技术;第三章主要虫害识别与防治,介绍了37种常见多发虫害的危害特点、发生规律和防治技术;第四章主要病害识别与防治,介绍了9种常见多发病害的发生规律和防治技术;第五章林业有害生物调查的一般方法,重点介绍了标准地调查的方法和林业有害生物发生危害程度及成灾标准。

　　本书突出了科学性、先进性、通俗性、实用性和可操作性。同时,我们还收集了每种林业有害生物的形态特征、危害症状等照片,期望读者通过照片与实物的对比,能判断林木受到了何种有害生物危害,做到有的放矢。为方便读者查阅和使用,本书尝试采用历期的形式编写,按照林业有害生物的发生规律和一年四季月历的变化,罗列了每种林业有害生物不同时期的防治方法和技术要点,防治方法充分体现了无公害防治技术和最新经验的总结,是对本地区防治工作实践的总结,希望能够更贴近实际,更好地指导广大护林员、林农、果农等林业生产一线人员开展林业有害生物防治工作。

　　许多同志参与了本书的普查、拍摄、编写和实践工作。另外,本书在编写过程中还引用了大量的参考文献。在此,谨向为本书的完成提供支持和帮助的单位、所有研究人员和参考文献的原作者表示衷心的感谢!

　　由于时间仓促,作者水平有限,有些种类无照片或待鉴定,未汇编其中,书中内容也难免存在不妥之处,敬请广大专家、读者批评指正。

作　者
2022 年 1 月

目　录

第一章　林业有害生物基础知识

第一节　林业有害生物基本概念

一、林业有害生物

林业有害生物指对林木有害的植物、动物或病原体的种、株(或品系)或生物型,包括害虫、病害、害鼠(兔)和有害植物。

二、林木病害

林木病害指林木受侵染性病原和非侵染性病原等致病因素的影响,造成生理机能、细胞和组织的结构以及外部形态发生局部或整体变化。侵染性病原包括真菌、细菌、病毒、寄生性的种子植物和线虫等;非侵染性病原指一切不利于林木生长发育的物理或化学因素,如营养不良、土壤水分失调、温度过高过低,以及空气或土壤中的有毒物质等。

三、林木虫害

林木虫害指林木的叶片、枝条、树干和树根等单一或多个部位被森林害虫取食危害,造成生理机能以及外部形态发生局部或全体变化的现象。根据昆虫取食为害的部位不同,分为叶部虫害、枝干部虫害和根部虫害。

四、林木鼠害

林木鼠害指林木的根部、干部、枝条或种实遭受老鼠的啃咬,影响林木正常生长甚至导致林木死亡的现象。根据老鼠对林木的危害部位,将其分为地上鼠(如平鼠、花鼠、沙鼠)和地下鼠(如鼢鼠)。

五、有害植物

有害植物指已经或可能使本地经济、环境和生物多样性受到伤害

(尤其是对特定的森林生态系统造成较大危害),或危及人类生产与身体健康的植物种类。

第二节　林木昆虫基础知识

一、基本概念及简要介绍

(一)昆虫

昆虫属小型到微小的分节动物。最大的特征是身体可分为头、胸和腹三个体段。头部是感觉和取食中心,具有口器(嘴)和1对触角,通常还有复眼及单眼;胸部是运动中心,具3对足,一般还有2对翅;腹部着生有外生殖器和尾须。各种昆虫形态特征不同,同一种昆虫的不同发育阶段的形态特征也不同,根据这些不同的特征,可以识别昆虫。

(二)昆虫的触角

昆虫的触角指昆虫头部一对分节的感觉器官,一般着生在额区,基本构造(从头部算起)分柄节、梗节、鞭节(多节),具有触觉、嗅觉和听觉的作用。常见的触角形状有如下几种:

(1)刚毛状触角。鞭节纤细似一根刚毛,如蜻蜓、豆娘、蝉等的触角。

(2)丝状触角。鞭节各节细长,无特殊变化,如蝗虫。在一些种类中,细长如丝,如螽蟖、蟋蟀等的触角。

(3)念珠状触角。鞭节各节呈圆球状,如白蚁等的触角。

(4)锯齿状触角。鞭节各节的端部有一短角突出,因而整个形态似锯条,如叩头虫、芫菁等的触角。

(5)栉齿状触角。鞭节各节的端部向一侧有一长突起,因而呈栉(梳)状,如一些甲虫、蛾类雌虫的触角。

(6)羽状(双栉状)触角。鞭节各节端部两侧均有细长突起,因而整个形状似羽毛,如雄蚕蛾的触角。

(7)膝状触角。鞭节与梗节之间弯曲呈一角度,如蚂蚁、蜜蜂的触角。

（8）具芒触角。鞭节仅一节，肥大，其上着生有一根芒状刚毛，如蝇类的触角。

（9）环毛状触角。鞭节各节近基部着生一圈刚毛，如雄蚊、摇蚊的触角。

（10）球杆状触角。鞭节末端数节逐渐稍稍膨大，似棒球杆，如蝶类的触角。

（11）锤状（头状）触角。鞭节末端数节突然强烈膨大，如露尾虫、郭公虫等的触角。

（12）鳃状触角。鞭节各节具一片状突起，各片重叠在一起时似鳃片，如金龟子的触角。

（三）昆虫的口器

口器也叫取食器。昆虫的口器可分为如下 2 种基本类型：

（1）咀嚼式。用于取食固体食物，分上唇、上颚、下颚、下唇、舌等部分。上颚和下颚中部扁平有齿，适于咀嚼食物。如蝗虫、甲虫、蛾、蝶类幼虫等都具有此种口器。

（2）吸收式。将液体食物吸入消化道。此种口器延伸成喙，用以吸收汁液，分为 5 种。①刺吸口器：上、下颚形成针状，刺入动植物组织内吸收养料，如蚊、蝉的口器。②虹吸口器：左右下颚的外颚叶延长成虹吸式的喙，不用时卷曲像发条，如蛾、蝶的口器。③舐吸口器：口器末端有唇瓣，用以舐吸食物，如蝇的口器。④嚼吸口器：口器保留咀嚼口器部分形式，但各部延长，适于拨开植物器官吸液，如蜂的口器。⑤锉吸口器：上颚左右不对称，锉破植物组织后吸液，如蓟马的口器。

（四）昆虫的翅

昆虫的翅根据质地不同，有不同的类型，有膜翅、鞘翅、鳞翅、半鞘翅、复翅等，主要有以下分类：

（1）鞘翅目。本目昆虫叫甲虫，前翅为鞘翅，完全变态而成。咀嚼式口器，幼虫常具三对胸足，无腹足—寡足型，少数足退化或无足。

（2）双翅目。后翅变小而特化为细长的平衡棍，通常仅见一对前翅，属完全变态，吸收式口器。例如蚊、蝇、虻、蚋。多为害虫，但寄生蝇寄生于害虫体内，成为害虫的天敌，对人类有益。

（3）膜翅目。前后翅皆膜质，前翅大、后翅小。膜翅目昆虫属完全变态类昆虫，嚼吸口器或少数属咀嚼式口器，如蜂、蚁等。

（4）鳞翅目。四翅皆膜质，具鳞片（少数无翅）。鳞翅目昆虫口器为虹吸口器或口器退化，属完全变态，如蛾和蝶类等。多为害虫，幼虫食植物，但家蚕和柞蚕又是著名的经济昆虫。

（5）直翅目。前翅为复翅（少数无翅），咀嚼式口器，不完全变态。例如蝗虫、蟋蟀、蝼蛄、螽斯、竹蝗等。

（6）半翅目。前翅半鞘翅（少数无翅），刺吸口器，不完全变态。如蝽象和臭虫等。多为害虫，但猎蝽、花蝽取食害虫，对人类有益。

（7）同翅目。前后翅皆膜质，静止时复体上呈屋脊形（少数无翅）。吸收式口器，不完全变态。如蝉、飞虱、沫蝉、木虱、粉虱、蚜虫、介壳虫等。多为害虫，有时能传染或引起植物病害。

（8）等翅目。本目昆虫称为白蚁，体软，如具长翅则四翅等大，皆膜质白色，故名白蚁。不完全变态，咀嚼式口器，属社会性昆虫。

（五）昆虫的生活史

昆虫的生活史是指昆虫个体发育的全过程，又称为生活周期。昆虫在一年中的个体发育过程，称为年生活史或生活年史。年生活史是指昆虫从越冬虫态（卵、幼虫、蛹或成虫）越冬后复苏起，至翌年越冬复苏前的全过程。不同昆虫，生活史也不相同。同种昆虫在不同地方或不同季节生活史也不完全相同。昆虫在生长发育过程中有变态现象，即指昆虫在生长发育过程中，其内部器官和外部形态经过一系列变化，一般经过卵、若虫、蛹、成虫四个阶段。昆虫发育的最后阶段，性成熟，能进行交配和产卵，但有些成虫在交配和产卵之前须补充营养。

（1）卵。昆虫个体发育的第一个阶段。昆虫的卵受精（也有不受精的）后，卵内的胚胎即开始发育。卵发育成熟后为幼虫。幼虫破卵而出的过程称为孵化。卵从产下至孵化所经历的时间称卵期。

（2）幼虫。昆虫发育的第二个阶段，即从卵孵化至幼虫化蛹的过程。不完全变态类型中，幼虫也叫若虫和稚虫，它们没有蛹这一发育阶段，从幼虫直接发育为成虫；完全变态幼虫老熟即进行化蛹。昆虫的幼虫期是昆虫生长最快的阶段，有些蛾类幼虫从孵化起至老熟化蛹前体重增加达万倍。

（3）蛹。完全变态昆虫发育的第三个阶段,是昆虫从幼虫过渡到成虫之间的阶段。幼虫老熟后身体缩短,不食不动,外表逐渐加厚,进行化蛹。有些幼虫化蛹前还有一个时间较短的前蛹期。有些幼虫在化蛹前吐丝作茧或作蛹室,以资保护。蛹发育成熟,即羽化为成虫。

（4）若虫。不完全变态昆虫的幼体,形态与成虫相似,但个体较小,翅及外生殖器尚处于发育阶段,例如蝗虫、蟋蟀和蝽象等。

（5）成虫。是昆虫个体发育的最后一个虫态,是完成生殖使种群得到繁衍的阶段。成虫从前一虫态蜕皮而出的过程,称为羽化。正常情况下,昆虫个体的性别有三种,即雄性、雌性及雌雄同体。大多数种类中,雌性成虫略比同种的雄性个体大,颜色较暗淡,活动能力差,寿命较长。

二、昆虫的习性

昆虫的习性是昆虫生物学的重要组成部分,包括昆虫的活动和行为,是昆虫适应特定环境条件,以最优生存对策获取最高存活率、生殖力,尽可能地利用环境资源的一个适应性。了解并掌握昆虫的生活习性,对害虫的防治和天敌的利用等具有重要的现实意义。

（1）昆虫活动的昼夜节律。昆虫的活动与自然界昼夜变化规律相吻合。绝大多数昆虫的活动,如飞翔、取食、交尾甚至孵化、羽化均有节律。白天活动的昆虫称作日出性昆虫,如蝶类、蜻蜓、虎甲、步行虫等;夜里活动的昆虫称为夜出性昆虫,如大多数蛾类。有的只在弱光下活动,称为弱光性昆虫,如蚊子、少数蛾类。

（2）昆虫的食性。按昆虫食物的性质可分为植食性、肉食性、腐食性、杂食性等。根据食物的范围又可分为多食性、寡食性、单食性3类。能取食不同科多种植物的称为多食性,多为害虫,如舞毒蛾、美国白蛾、草履蚧等均能危害10种甚至百种植物;能取食1个科的若干种植物的称为寡食性,如松毛虫;只能取食1种植物的称为单食性。

（3）昆虫的趋性。昆虫对某种刺激表现出趋向或躲避的行为。主要包括趋光性、趋化性、趋湿性、趋热性等。夜间蛾子扑灯是昆虫趋光性的表现,某些昆虫对某些化学物质也有明显的趋性,称为趋化性,如地老虎成虫对糖醋液有趋性。这些趋性为我们进行有害生物防治提供了新的途径和策略。

(4)群集性。指某一种昆虫大量个体高密度聚集在一起的习性。其中又分临时性群集和永久性群集。临时性群集是指某种昆虫于某一虫态，在某一时段内群集在一起，过后就分散。如两色绿刺蛾、马尾松毛虫幼虫小龄群集，3龄后分散。永久性群集是昆虫终生群集在一起。如黄脊竹蝗。且虫口密度越大，越容易群集。

(5)假死性。又叫伪死性，是指昆虫受到某种刺激或振动时，身体蜷缩，静止不动，或从停留处跌落下来呈假死状态，稍停片刻即恢复正常而离去的现象。如金龟子、象甲、叶甲以及黏虫幼虫等都具有假死性。假死是昆虫逃避敌害的一种方法。

(6)拟态和保护色。一种昆虫与另一昆虫在形态、色泽上很相似称为拟态昆虫。如双翅目中某些昆虫，"模拟"有螯刺的蜂。保护色指一些昆虫为了保护自己而具有的变色能力。如尺蠖类仿树皮色、竹节虫仿竹子的绿色等。

(7)昆虫的扩散与迁飞。昆虫的扩散是指昆虫在栖境内小范围地定向与不定向移动，又称蔓延、传播或分散等。昆虫的扩散一般可分为三种类型。一是完全靠外部因素扩散，即由风力、水力或人类活动引起的被动扩散活动，如大多数鳞翅目幼虫可吐丝下垂并靠风力传播。人为活动有时也无意中帮助了一些昆虫的扩散。二是由虫源地（株）向外扩散。三是由趋性所引起的扩散（如一些蛾类对光刺激有趋性）。

昆虫的迁飞又叫迁移，是指一种昆虫成群地从一个发生地长距离地转移到另一个发生地的现象。迁飞是昆虫本身控制、推进的，但是风在迁飞的过程中起着重要作用。迁飞是一种普遍的生物学特性。

第三节　病害基础知识

一、林木病害

林木在生长发育过程中，如果外部条件不适宜或遭受生物的侵染，就会使林木在生理上、组织上、形态上发生一系列反常变化，使产量降低、质量变劣,减少或失去经济价值甚至引起死亡,这种现象称为林木病害。

二、侵染性病害

侵染性病害是由真菌、细菌、病毒、类菌质(原)体、立克次体、线虫、寄生性种子植物、螨类、藻类等寄生物或称病原物的侵染所致,会传染、蔓延为害,许多林木病害都属于这一类。

三、非侵染性病害

非侵染性病害也叫生理性病害,是由不适宜的环境条件,主要是不适宜的气候条件、土壤条件、有毒物质和有毒气体对环境的污染所致,如杉木黄化病。

四、林木病害的症状

生病树木在外部形态和内部组织上所表现出的不正常现象称为症状。症状包括病症和病状两方面。一般将显露在树木患病部分表面的病原体如菌丝体、子实体、孢子等称为病症;而将生病树木本身的病变特征如叶斑、叶枯、根腐、丛枝等称为症状。

五、常见的病害症状

常见的病害症状指斑点、腐烂、腐朽、溃疡、粉霉状物、丛枝、肿瘤、枯萎、黄化或花叶、流脂流胶等。林木病害的症状有相对的稳定性,是诊断病害的重要依据,有经验的人通过对症状的观察,便能做出比较正确的诊断。

六、病害症状的变化及在病害诊断中的应用

(1)异病同症。不同的病原物侵染可以引起相似的症状,如叶斑病症状可以由分类关系上很远的病原物引起,如病毒、细菌、真菌侵染都可出现这类症状。大多数病害的识别相对容易一些,对于不同的真菌病害,则需要借助病原形态的显微观察。

(2)同病异症。多数情况下,一种植物在特定条件下发生一种病害以后就出现一种症状,称为典型症状。如斑点、腐烂、萎蔫或癌肿等。但大多数病害的症状并非固定不变或只有一种症状,可以在不同阶段

或不同抗性的品种上或者在不同的环境条件下出现不同类型的症状。例如,烟草花叶病毒侵染多种植物后都表现为典型的花叶症状,但它在心叶烟或苋色藜上却表现为枯斑。交链孢属真菌侵染不同花色的菊花品种,在花朵上产生不同颜色的病斑。

(3)症状潜隐。有些病原物在其寄主植物上只引起很轻微的症状,有的甚至是侵染后不表现明显症状的潜伏侵染。表现潜伏侵染的病株,病原物在它的体内还是正常地繁殖和蔓延,病株的生理活动也有所改变,但是外面不表现明显的症状。有些病害的症状在一定的条件下可以消失,特别是许多病毒病的症状往往因高温而消失,这种现象称作症状潜隐。病害症状本身也是发展的,如白粉病在发病初期的主要表现是叶面上的白色粉状物,然后变粉红色、褐色,最后出现黑色小粒点。而花叶病毒病害,往往随植株各器官生理年龄的不同而出现严重程度不同的症状,在老叶片上可以没有明显的症状,在成熟的叶片上出现斑驳和花叶,而在顶端幼嫩叶片上出现畸形。因此,在田间进行症状观察时,要注意系统和全面识别。

(4)并发症。当两种或多种病害同时在一株植物上发生时,可以出现多种不同类型的症状,称为并发症。如杨树溃疡病及腐烂病会在同一株树木上同时发生。

(5)综合症。当两种病害在同一株植物上发生时,可以出现两种各自的症状而互不影响;有时这两种症状在同一部位或同一器官上出现,就可能出现彼此干扰发生拮抗现象,即只出现一种症状或症状减轻,也可能出现互相促进加重症状的协生现象,甚至出现完全不同于原有各自症状的第三种类型的症状。因此,拮抗现象和协生现象都是指两种病害在同一株植物上发生时出现症状变化的现象。

对于复杂的症状变化,首先需要对症状进行全面的了解,对病害的发生过程进行分析(包括症状发展的过程、典型的和非典型的症状以及由于寄主植物反应和环境条件不同对症状的影响等),结合查阅资料,甚至进一步鉴定它的病原物,才能做出正确的诊断。

第二章　林业有害生物综合防治技术

第一节　林业有害生物防治

林业有害生物防治的概念有"大防治"和"小防治"之分。"大防治"包括有害生物检疫、检测、治理等所有控制林业有害生物的措施。而"小防治"则只是指对林业有害生物的治理，包括两个层面：一是指对已经发生的有害生物进行防治；二是指采取一系列预防性措施，防治有害生物成灾。下面简单介绍有害生物治理中经常使用的生物防治、物理防治和化学防治三种措施。

一、生物防治

生物防治是利用有益生物及其产物控制有害生物种群数量的一种防治技术。从保护生态环境和可持续发展的角度讲，生物防治是最好的有害生物防治方法之一。首先，生物防治对人、畜安全，对环境影响极小。其次，生物防治的自然资源丰富，易于开发，生物防治的成本相对较低。

利用生物防治措施控制有害生物发生的途径主要包括保护有益生物、引进有益生物、人工繁殖与释放有益生物，以及开发利用有益生物等。

（一）保护有益生物

保护有益生物可以分为直接保护、利用营林措施保护和用药保护。

（1）直接保护。是指专门为保护有益生物而采取的措施。如在栗瘿蜂防治上摘取板栗树上的栗瘿蜂虫瘿，干燥保存，次年春将枯瘿放回栗园中。

（2）利用营林措施保护。主要是结合营林管护措施进行保护。如在果园中种植紫苏、大豆、丝瓜等植物能为捕食螨提供食料和栖息场所。通过翻耕、施肥促进植物根际拮抗微生物的繁殖,也是生产上推广应用的有效措施。

(3)用药保护。主要是在防治林业有害生物时,注意合理用药,避免大量杀伤天敌等有益生物。如利用对有益生物毒性小的选择性农药防治,选择对有益生物较安全的时期施药,选择适当的施药剂量和施药方式防治等。

保护措施主要是为有益生物提供必要的食物资源和栖息场所,帮助有益生物度过不良环境,避免农药对有益生物的大量杀伤,维持其较高的种群数量。自然中有益生物资源丰富,适当地保护利用,一般不需要花费很多人工,且方法简单,效果较好。

(二)引进有益生物

引进有益生物包括引进、移植、助迁 3 种形式。

引进有益生物防治有害生物已经成为生物防治中一项十分重要的工作,尤其对外来有害生物,从原产地引进有益生物进行防治,常取得良好的效果。我国林业对天敌引进工作一直很重视,并取得了一定的效果。

(三)人工繁殖与释放有益生物

人工繁殖与释放有益生物可以增加有益生物自然种群数量,使有害生物在大发生之前得到有效控制。林业方面已有很多成功的示例,如繁殖释放赤眼蜂防治鳞翅目害虫,繁殖释放周氏啮小蜂防治美国白蛾,繁殖核型多角体病毒防治春尺蠖等。

(四)开发利用有益生物

有益生物体内产生的次生代谢物质、信号化合物、激素、毒素等天然物质,由于对有害生物具有较高的活性,选择性强,对生态环境影响小,无明显的残留毒性问题,均可被开发用于有害生物的防治。

二、物理防治

物理防治是指利用各种物理因子、人工和器械等防治林业有害生物的措施。物理防治见效快,能把害虫消灭在盛发期前,也可以作为害虫大量发生时的一种应急措施。这种技术比较费工,效率较低,一般作为辅助措施,但对于一些用其他方法难以防治的有害生物,往往是一种有效的应急手段。常见的方法有人工和机械防治、诱集与诱杀、阻隔分离、温度控制等。

(一)人工和机械防治

人工和机械防治就是利用人工和简单机械,通过挑选或捕杀等手段防治有害生物,对于害虫防治常使用捕捉、振落、网捕、摘除虫枝病果、刮树皮等人工和机械方法。如利用细钩钩杀树中的天牛;有时利用害虫的假死行为,将其振落消灭,如在春尺蠖大发生时,利用振落法在树下用塑料薄膜收集。对于病虫害防治,常使用剪除病枝、刮除病斑、清理病叶等方法。

(二)诱集与诱杀

诱杀法主要是利用动物的趋性,配合一定的物理装置、化学毒剂或人工处理来防治害虫和鼠类的方法。通常包括灯光诱杀、诱饵诱杀、潜所诱杀和性信息素诱杀、特殊颜色诱杀等。如用杀虫灯诱杀美国白蛾,配置糖醋液可以诱杀小地老虎和黏性成虫,利用新鲜马粪诱杀蝼蛄等;利用多聚乙醛诱杀蜗牛和蛞蝓,在林内用饵木诱小蠹虫等。

(三)阻隔分离

阻隔分离法是根据有害生物的侵害和扩散行为,设置物理性障碍,阻止有害生物危害或扩散的措施,常用方法有套袋、涂胶、绑塑料环、刷白和填塞等。只有充分了解有害生物的生物习性,才能设计和实施有效的阻隔分离技术。如果实套袋,可以阻止多种食心虫在果树上产卵;在树干上涂胶、绑塑料薄膜带设置障碍可以防治草履蚧上树危害。

(四)温度控制

有害生物对环境温度均有一个适应范围,过高或过低都会导致有害生物的死亡或失活。如可利用高频电波杀灭害虫、用热水浸种消灭某些种实象甲和病原菌等。利用该方法常需要严格掌握处理温度和时间,以免对植物和环境造成危害。

三、化学防治

化学防治是指利用化学药剂防治有害生物的一种防治技术。其在有害生物防治中占有重要地位,它使用方法简单、效率高、见效快,可以用于各种有害生物的防治,特别是在有害生物大面积发生时,能及时控制危害,是其他措施无法相比的。但是化学防治也存在着一定的缺点:一是长期使用化学农药,会使某些生物产生不同程度的抗药性;二是伤害天敌,破坏生态系统,打乱了自然种群平衡,造成有害生物的再次猖獗或次要有害生物的危害上升;三是残留污染环境,有些农药由于性质较稳定,不易分解,容易在植物中残留,以及漂移流失进入大气、水体和土壤后,会污染环境,直接或间接对人、畜和有益生物的健康安全造成威胁。因此,使用化学农药必须注意发挥其优点,克服其缺点,才能发挥优点,才能达到化学保护的目的,并对有害生物进行持续有效的控制。

第二节　农药基本知识及分类

一、农药的概念

农药的定义广义上是指用于预防、消灭或者控制危害农业、林业的病、虫、草和其他有害生物以及有目的地调节、控制、影响植物和有害生物代谢、生长、发育、繁殖过程的化学合成物,或者来源于生物、其他天然产物及应用生物技术产生的一种物质或者几种物质的混合物及其制剂。狭义上是指在农业生产中,为保障、促进植物和农作物的生长,所施用的杀虫、杀菌、杀灭有害动物(或杂草)的一类药物统称。特指在农业上用于防治病虫以及调节植物生长、除草等药剂。

二、农药的分类

(一)按用途分类

农药按用途分为杀虫剂、杀螨剂、杀线虫剂、除草剂、杀鼠剂和植物生长调节剂等。

(1)杀虫剂、杀螨剂。按农药对防治对象的作用方式,杀虫剂和杀螨剂又可分为:①胃毒剂。指通过害虫的消化系统进入虫体,使之中毒死亡的药剂(如敌百虫、灭幼脲、抑太保等)。胃毒剂适用于防治咀嚼式口器的害虫。②触杀剂。通过与害虫体壁接触而渗入虫体引起害虫中毒死亡,或者能在害虫表皮形成一层药膜封闭害虫的气门引起害虫窒息死亡的药剂(如菊酯类杀虫剂、松酯杀虫剂)。触杀剂适用于防治各种口器的害虫。③熏蒸剂。包括一些气体农药和在常温下能挥发成气体的农药以及经过化学反应能产生有毒气体的农药(如溴甲烷、磷化氢、氯化苦等)。熏蒸剂适用于防治仓库害虫以及藏在隐蔽处为害的害虫。

(2)杀线虫剂。用于防治有害线虫的药剂,如克线丹、线虫清等。

(3)除草剂。指可使杂草彻底地或选择地发生枯死的药剂,又称除莠剂,用以消灭或抑制植物生长的一类物质,如草甘膦、西玛津、盖草能、氟乐灵、果尔等。

(4)杀鼠剂。用于防治鼠害的药剂,如磷化铝、溴敌隆等。

(5)植物生长调节剂。用于促进或抑制植物生长的药剂,如乙烯利、矮壮素等。

(二)按杀虫剂的成分和来源分类

(1)有机合成杀虫剂。简称有机杀虫剂,是指人工合成的一大类有机化合物。根据化学结构又可分为有机磷杀虫剂、有机氮杀虫剂、拟除虫菊酯类杀虫剂等。如对硫磷、甲基对硫磷、乙酰甲胺磷、水胺硫磷、乐果、氧化乐果等。

(2)无机杀虫剂。也称矿物性杀虫剂,指含砷、氟、硫等的无机化合物。如硫黄等。

(3)植物性杀虫剂。主要是指以植物、动物、微生物等产生的具有农用生物活性的次生代谢产物开发的农药。如印楝素、苦皮藤素、烟草等。

(4)微生物杀虫剂。指利用微生物的活体制成的杀虫剂。在自然界,存在着许多对害虫有致病作用的微生物,利用这种致病性来防治害虫是一种有效的生物防治方法。从这些病原微生物中筛选出施用方便、药效稳定、对人畜和环境安全的菌种,进行工业规模的生产开发,从而制成微生物杀虫剂。如苏云金杆菌、白僵菌、绿僵菌、阿维菌素等。

(5)激素剂。指来源于昆虫体内的昆虫激素以及人工模拟昆虫激素合成的化学物质。对昆虫的生长、发育、行为具有干扰作用,使昆虫不能正常生长发育、行为异常,从而达到防治害虫的目的。这类杀虫剂又叫昆虫生长调节剂,如保幼激素(高渗苯氧威)、信息素、灭幼脲等。

(6)矿物油剂。指用石油或煤焦油等与乳化剂配制而成的一类杀虫剂,如煤油乳剂、柴油乳剂等。

三、农药剂型

(一)农药剂型的概念

农药的原药一般不能直接使用,必须加工配制成各种类型的制剂才能使用。制剂的形态称剂型,商品农药都是以某种剂型的形式,销售到用户。我国使用最多的剂型是粉剂、可湿性粉剂、颗粒剂、乳油(乳剂)、水剂、胶悬剂(浓悬浮剂)、微囊悬浮剂(微胶囊剂)、乳粉、可溶性粉剂、油剂、烟剂等。各种剂型都有一定的特性和使用技术要求,不宜随意改变用法。例如,颗粒剂只能抛撒或处理土壤,而不能加水喷雾;可湿性粉剂只宜加水喷雾,不能直接喷粉;粉剂只能直接喷撒或拌毒土或拌种,不宜加水;各种杀鼠剂只能用粮谷等食物拌制成毒饵后才能应用。

(二)常见的农药剂型

1. 粉剂

粉剂指供喷粉用的具有规定细度的粉状农药剂型。

一般细度为95%通过200目筛。粉剂有粗粉剂、普通粉剂和微粉剂三种。普通粉剂是常用的粉剂,粉粒粒径最大不超过74 μm;微粉剂的平均粒径在5 μm以下。

粉剂由原药、载体、助剂经混合—粉碎—混合而成。其农药原药一般是熔点较高的固体原粉,也有的是液态原油。载体有滑石粉、叶蜡石、白炭黑、高岭土等。

粉剂使用简便,直接喷粉不用水,工效高。但粉粒在大气中的飘移和污染比较严重。

其中有效成分含量是主要的,细度和分散性也是影响药效的重要因素。细度达标,分散性好,效果明显。

2. 可湿性粉剂

可湿性粉剂指易被水润湿并能在水中分散悬浮的粉状剂型。

它是由不溶于水的农药原药与润湿剂、分散剂、填料混合粉碎而成的。细度为 99.5% 通过 200 目筛。

不溶于水的农药原药不能直接加水施用,加工配制成可湿性粉剂后,在水中分散,形成悬浮液,便可喷洒施用。

与乳油剂型相比,可湿性粉剂无须使用溶剂和乳化剂,并且可用纸袋或塑料袋包装,因而生产成本较低,储存、运输过程中也较安全,用完后的包装材料易于处理。

可湿性粉剂的质量指标是:有效成分含量、悬浮率、润湿性能、水分含量及酸碱度(pH)。这些指标中较重要的除有效成分含量外,还有悬浮率和润湿性能。悬浮的时间越长越好(润湿时间是将一定量的制剂按规定方法撒到水面上后完全润湿的时间。联合国粮农组织对可湿性粉剂规定的润湿时间为 1~2 min)。

常见的可湿性粉剂如 10% 吡虫啉可湿性粉剂。

3. 颗粒剂

颗粒剂是指用农药原药、辅助剂和载体制成的粒状农药制剂。分为遇水解体和遇水不解体两种。

颗粒剂优点有五个:①使高毒品种低毒化。②可延长有效成分释放速度,持效期长。③使液态农药固态化。④据测试,环境污染减少,药害轻,避免伤害蜜蜂、蚕以及天敌昆虫。⑤使用方便,可提高施药效率。

4. 乳油

它是由原药(一般不溶于水)、有机溶剂(苯、二甲苯、樟脑油等)和乳化剂等由农药生产单位制配成单相透明的油状液体制剂。

乳油加水后,药剂均匀分散在水中,变成不透明的乳状液。因为乳油乳化剂的作用,保持时间长,不会产生沉淀和分层现象。

乳油中含有苯、二甲苯等易挥发的溶剂。在使用时,要避免挥发,使药液浓度加大,对作物产生药害。

这些溶剂易燃,储存时应远离火种,以免燃烧。

乳油是农药制剂的主要剂型。乳油的有效成分高,防效好,便于储存和使用。有效成分一般为 20%~80%。

常用的品种有杀灭菊酯、阿维菌素等品种。

5. 水剂

水剂是农药原药的水溶液剂型,是药剂以分子或离子状态分散在水中的真溶液,药剂浓度取决于有效成分的水溶解度,一般在使用时再加水稀释。

用于加工水剂的农药原药应易溶于水,化学稳定性好,如杀虫双。

与乳油相比,加工时无须用有机溶剂,仅需加适量表面活性剂,即可喷雾使用,药效与乳油相当。但有的水剂化学稳定性不如乳油。若长期存放,则易分解,药效降低。

6. 悬浮剂

由固态药剂微粒、水、湿润剂、消泡剂、增黏剂等构成的黏稠性悬浮制剂,加水后即可使用。悬浮剂兼有乳油和可湿性粉剂的特点,粒径小于 10 μm,在叶面附着力强,主要供喷雾使用,也可浸种。

7. 微囊悬浮剂(微胶囊剂)

农药的微粒或微滴外面包上一层囊皮材料,稳定地悬浮在水中,微胶囊粒径小于 20 μm。施药后由于切变、摩擦、氧化、光解等作用,囊皮破裂,药剂逐渐释出。因此,微囊悬浮剂是缓释剂,最大特点是延长残效,并可显著降低药剂的毒性,减轻对环境的污染。外观呈不透明液体,可加水喷雾或闷种使用。

8. 乳粉

乳粉为我国独创剂型,由熔融的原药和热纸浆废液混合,经干燥而成。药剂粒径不超过 5 μm。纸浆废液不仅是分散剂,也是湿润剂。乳粉加水后即成悬浮液(不是乳状液)。乳粉有吸湿性,吸湿后易结块,储存时要防潮。

9. 可溶性粉剂

固体粉末,加水后有效成分溶解,构成水溶液。

10. 油剂

油剂指农药原药加油质溶剂、助溶剂和稳定剂等混合后制成的高浓度油状液体。

农药原药必须是渗透性强、有熏蒸作用的低毒产品。这是因为装药和修机及田间喷洒时对人易造成污染,喷洒后农药雾滴也会对人体皮肤和呼吸道造成污染。

油剂不需要对水稀释而直接喷洒。可用于地面或航空超低容量喷雾,药液小雾滴对作物株冠层穿透性强,沉积在目标物表面能展布成较大面积的油膜,黏着力强,耐雨水冲刷,对生物表面渗透性强,可提高药效。

11. 烟剂

烟剂指引燃后,有效成分以烟状分散体悬浮于空气中的农药剂型。

它是由原药加燃料、氧化剂、助燃剂,分别磨碎通过 80 目筛(177 μm 筛),再按一定比例混合配制而成的粉状物。

烟剂的使用工效高,不需任何器械,不需用水,简便省力,药剂在空间分布均匀。

烟剂的组分包含三个基本部分:①农药有效成分;②化学发热剂;③辅助剂。关键部分是化学发热剂。化学发热剂的主要成分是氧化剂和燃料。蚊香就是一种烟剂。

第三节 农药的使用技术

一、农药施用的一般方法

(一)喷雾法

喷雾法是利用施药机械按照用量将可湿性粉剂、浮油、水剂、可溶性粉剂、油剂、悬浮剂等的药液喷到防治对象及其寄主表面上。每亩药量在 40 g 以上,称为高容量喷雾法。雾滴直径范围 100~400 μm。每亩用药量在 10 kg 以下,称为低容量喷雾法,雾滴直径范围 100~200 μm。每亩 200~300 mL 药液量为超低容量喷雾法,雾滴直径范围 50~100 μm。一般,雾滴直径越小,雾滴覆盖密度越大,防治效果也越好。

(二)喷粉法

喷粉法指利用喷粉机具喷粉,气流把农药粉剂吹散后沉积到作物上的施药方法。

其主要特点是无须用水,工效高,在作物上的沉积分布性能好,着药比较均匀,使用方便。这种方法也是防治暴发性害虫的重要手段之一。

喷粉防治应注意以下事项:一是喷粉的时间一般以早晚有露水时效果较好,因为药粉可以更好地附着在植物上。喷粉量的多少,应根据不同防治对象来决定,一般每亩 1.5～2.5 kg。二是喷粉应该在无风(风力小于 1 m/s)无上升气流时进行。刮大风时应停止喷粉。喷粉后 24 h 内遇雨,最好再重喷。喷粉人员应该在上风头顺风喷粉,不要逆风喷粉,以防止农药中毒。

(三)熏蒸法

用熏蒸剂或常温下容易蒸发的农药或易吸潮放出毒气的农药(如磷化铝、磷化锌等)防治病虫害的施药方法叫熏蒸法。

影响熏蒸效果的因素有:①药剂本身的特性。一般要求熏蒸剂沸点低,相对比重小,蒸气压高。②温度。温度升高时,药剂易挥发,同时昆虫活动能力增强,易提高熏蒸效果。但温度一般以不超过 20 ℃为宜。③昆虫种类及不同发育阶段(对熏蒸效果有一定的影响)。昆虫对药剂抵抗力排序为:老龄幼虫>卵>蛹>成虫。

(四)烟雾法

烟雾法指把油状农药分散成为烟雾状态的施药方法。

烟雾法必须利用专用的机具(烟雾机)才能把油状农药分散为烟雾状态。

烟雾的直径一般为 0.1～10 μm。烟雾态农药的沉积分布很均匀,对病虫杀伤力的控制效果都显著高于一般喷雾法和喷粉法。林分的郁闭度大于 0.6 以上,且在无风或者微风的早晨和傍晚施用效果较好。

(五)注射(打孔注药)法

对于高大树木,通过针管插入树干内,将药液慢慢推入,达到防治病虫或调节生长的方法,称为注射法(可用于防治蛀干害虫)。

此法具有防效高、药效持久,不受树体高度、水源和气候条件的限制,对天敌影响小等优点。但对树木有损伤,工作量大,效果没有预期的好。

(六)飞机施药法

飞机施药法指用飞机将农药液剂、粉剂、颗粒剂等均匀地撒施在目标区域内的施药方法,飞机施药法又叫航空喷雾喷粉法。

它是效率最高的施药方法,并且具有成本低、效果好、防治及时等优点,是当前防治食叶害虫最为有效的手段。

适用于飞机喷撒的农药剂型有粉剂、可湿性粉剂、水分散性粒剂、悬浮剂、干悬浮剂、乳油、水剂、油剂、颗粒剂等。

(七)其他施药法

施药方法很多,还有种苗处理法、毒饵法、土壤处理法、拌种法、灌根法等。

二、农药稀释

(1)稀释倍数。是一种使用最广泛的表示方法,它表示某种规格的农药加稀释剂的倍数。例如,50%敌敌畏乳油 1 000 倍液,就是用 50%敌敌畏乳油 1 份,加 1 000 份水配成的稀释液。一般按重量计算 。

常采用两种方法:①内比法。指稀释倍数在 100 倍以内时,稀释剂的用量要扣除药剂所占的 1 份。例如,配 40%氧乐果乳油 80 倍液,则需取氧乐果 1 份加水 79 份。②外比法。指稀释倍数在 100 倍以上时,稀释剂的用量不扣除药剂所占的 1 份。例如,需配 40%氧乐果乳油 4 000 倍液,则可取 40%氧乐果乳油 1 份加水 4 000 份。

(2)百分浓度(%)。是指农药的有效成分占稀释剂的百分率,即 100 份农药稀释液中含农药有效成分的份数。例如,0.012 5%乐果稀释液,表示 100 份稀释液中,含乐果成分 0.012 5 份。生产中所使用的农药制剂,一般都采用百分浓度法来表示,如 80%敌敌畏乳油。

(3)比重。一般只用于液态农药如波尔多液、石硫合剂等的浓度表示。比重的表示方法有两种:①公制比重。表示每毫升溶液中含有效成分的克数 。②波美度($°Be'$)。是用波美比重计插入溶液中直接测得的度数来表示溶液浓度的方法,例如,石硫合剂溶液就是用波美度来表示浓度的。

三、农药商品的安全使用

(一)农药商品对人、畜的毒性

总的说来,绝大多数农药都对人、畜和有益生物有一定毒性,但不同类型的农药和不同的农药品种间差异很大。

一般地,杀鼠剂、杀螨剂和多数杀虫剂对人、畜和有益生物的毒性大,杀菌剂(除汞、砷制剂外)的毒性较小,而除草剂和植物生物调节剂则比较安全。

(二)农药进入人体的途径

农药进入人体的途径主要是皮肤、呼吸道和口腔三大途径。皮肤和呼吸道是农药使用中农药进入人体最危险的途径。因此,在使用农药时,必须遵守有关安全措施,做好防护工作。

(三)农药中毒的预防

(1)施药人员应该了解安全使用农药和安全配制农药的方法,须佩戴防护器具,避免药剂与人体的直接接触。

(2)施药前须检查器械性能是否完好。

(3)配药或拌种应在室外进行,并且远离水源、住宅和食物存放地点,药剂处理后的种子须写上"已拌药,有毒"的标记,单独存放。

(4)配药及施药后器具要彻底清洗,单独存放,特别是使用有机磷农药的器具要用10%的碱水浸泡后(1 d以上),再用清水冲洗干净。

(5)配药或施药时间应不超过4 h/d,施药时应顺风施药,不得吃东西、喝水、吸烟等。

(6)在与药剂接触过程中,如感不适,如胸闷、恶心、头晕等,立即停止工作,到阴凉、空气清新处休息,严重的请医生检查。

(7)喷剧毒农药的田块应插上"已喷剧毒农药,不得入内"的警告牌。

(8)一周内采收的蔬菜、水果上不得使用剧、高毒农药。

(四)农药中毒的急救措施

(1)立即离开现场,转移至空气新鲜处,脱去被药剂污染的衣物,用肥皂冲洗皮肤上的毒物。如眼睛受到毒害,可用10%硫胺乙酰钠眼药水冲洗。这对于由呼吸道和皮肤引起的中毒尤为重要。

(2)如果由于误服农药中毒,则可采取催吐、洗胃和清肠的办法,使毒物迅速排出,防止或减少中毒者对毒物的继续吸收。催吐可服用肥皂水、食盐等。

(3)对一些重金属中毒患者(如汞、砷、铜),可服用高蛋白的食物(如牛奶、蛋清、豆浆)或活性炭,以促使尚未被吸收的毒物迅速变为沉淀或被吸附,同时进行催吐、洗胃。

四、农药的储存和保管

农药的储存和保管应注意以下事项:

(1)农药仓库结构要牢固,门窗要严密,库房内要求阴凉、干燥、通风,并有防火防潮的措施,防止受潮、阳光直晒和高温影响。

(2)农药必须单独储存,绝对不能和粮食、种子、饲料、食品等混放,也不能与烧碱、石灰、化肥等物品混放在一起。禁止把汽油、煤油、柴油等易燃物放在农药仓库内。

(3)农药堆放时,要分品种堆放,严防破损、渗漏。农药堆放高度不宜超过 2 m,防止倒塌和下层药粉受压结块。

(4)各种农药进出库时都要记账入册,并根据农药先进先出的原则,防止农药存放多年而失效。

(5)掌握不同剂型农药的储存特点,采取相应措施妥善保管。如:液体农药,包括乳油、水剂等,其特点是易燃烧、易挥发。在储存时重点是隔热防晒,避免高温。固体农药如粉剂、颗粒剂、片剂等,特点是吸湿性强,易发生变质。储存时保管重点是防潮隔湿。微生物农药如苏云金杆菌,其特点是不耐高温,不耐储存,容易失活失效,所以宜在低温干燥的环境中保存。

(6)要严格管理火种和电源,防止引起火灾。

五、国家规定禁用限用农药名录(2020 版)

(一)禁限用农药名录(2022 版)

《农药管理条例》规定,农药生产应取得农药登记证和生产许可证,农药经营应取得经营许可证,农药使用应按照标签规定的使用范围、安全间隔期用药,不得超范围用药。剧毒、高毒农药不得用于防治卫生害虫,不得用于蔬菜、瓜果、茶叶、菌类、中草药材的生产,不得用于水生植物的病虫害防治。

禁止(停止)使用的农药(50 种):

六六六、滴滴涕、毒杀芬、二溴氯丙烷、杀虫脒、二溴乙烷、除草醚、艾氏剂、狄氏剂、汞制剂、砷类、铅类、敌枯双、氟乙酰胺甘氟、甘氟、毒鼠强、氟乙酸钠、毒鼠硅、甲胺磷、对硫磷、甲基对硫磷、久效磷、磷胺、苯线磷、地虫硫磷、甲基硫环磷、磷化钙、磷化镁、磷化锌、硫线磷、蝇毒磷、治螟磷、特丁硫磷、氯磺隆、胺苯磺隆、甲磺隆、福美胂、福美甲胂、三氯杀螨醇、林丹、硫丹、溴甲烷、氟虫胺、杀扑磷、百草枯、2,4-D 丁酯、甲拌磷、甲基异柳磷、水胺硫磷、灭线磷。

注:2,4-D 丁酯自 2023 年 1 月 23 日起禁止使用。溴甲烷可用于"检疫熏蒸梳理"。杀扑磷已无制剂登记。甲拌磷、甲基异柳磷、水胺硫磷、灭线磷,自 2024 年 9 月 1 日起禁止销售和使用。

(二)在部分范围禁止使用的农药

在部分范围禁止使用的农药共有 20 种,见表 2-1。

表 2-1　在部分范围禁止使用的农药

通用名	禁止使用范围
甲拌磷、甲基异柳磷、克百威、水胺硫磷、氧乐果、灭多威、涕灭威、灭线磷	禁止在蔬菜、瓜果、茶叶、菌类、中草药材上使用,禁止用于防治卫生害虫,禁止用于水生植物的病虫害防治。
甲拌磷、甲基异柳磷、克百威	禁止在甘蔗作物上使用
内吸磷、硫环磷、氯唑磷	禁止在蔬菜、瓜果、茶叶、中草药材上使用
乙酰甲胺磷、丁硫克百威、乐果	禁止在蔬菜、瓜果、茶叶、菌类和中草药材上使用
毒死蜱、三唑磷	禁止在蔬菜上使用
丁酰肼(比久)	禁止在花生上使用
氰戊菊酯	禁止在茶叶上使用
氟虫腈	禁止在所有农作物上使用(玉米等部分旱田种子包衣除外)
氟苯虫酰胺	禁止在水稻上使用

六、林业上常用的几种新农药

(一)吡虫啉

作用特点:吡虫啉是硝基亚甲基类(杂环类新型化合物)内吸杀虫剂,具有胃毒和触杀作用,持效期长,对刺吸式口器害虫有较好的防治效果。10%吡虫啉可湿性粉剂喷雾可防治介壳虫、蚜虫,5%乳油打孔注药可防治杨树食叶害虫和蛀干害虫。

制剂:5%乳油,6%可溶性粉剂,10%、20%、25%可湿性粉剂。

(二)苦·烟乳油

作用特点:苦·烟乳油是以烟叶、苦参等为主要原料研制而成的植物源杀虫剂,对害虫具有强烈的触杀、胃毒和一定的熏蒸作用。该产品的主要特点为:高效、低毒、低残留、低污染,害虫不易产生抗药性,杀虫谱广。可用于防治松毛虫、杨树食叶害虫等。

制剂:1.2%苦·烟乳油。

(三)阿维菌素

作用特点:阿维菌素是由放线菌经发酵产生的代谢产物大环内酯类抗生素杀虫剂、杀螨剂,具有胃毒和触杀作用。阿维菌素属于高毒杀虫剂,但阿维菌素制剂含有效成分剂量均较低,毒性也随之下降,尤其是喷洒在叶表面的阿维菌素会很快分解消失。1.8%阿维菌素乳油6 000~8 000倍液可防治松毛虫、美国白蛾、杨树舟蛾。

制剂:1.8%乳油,1%乳油,0.9%乳油。

(四)高渗苯氧威

作用特点:具有胃毒和触杀双重作用,第三代农药,属于昆虫保育激素。杀虫、杀卵,速效性好、持效期长,杀虫机制独特,对害虫各虫期均能有效防治。杀虫谱广,不伤天敌、绿色环保,适合多种施药方式,既可常量、超低量喷雾,又可喷烟。可用于防治松毛虫、杨树食叶害虫等。

制剂:3%高渗苯氧威乳油。

(五)灭幼脲3号

作用特点:主要表现为胃毒作用,属于低毒杀虫剂,对鳞翅目幼虫表现出极好的杀虫活性,对鱼类低毒,对天敌安全。防治松毛虫、美国白蛾、杨树舟蛾可用25%悬浮剂2 000~4 000倍液喷雾。

常用制剂:25%悬浮剂。

(六)苏云金杆菌

作用特点:苏云金杆菌简称BT,是包括许多变种的一类产晶体的芽孢杆菌。主要是胃毒作用,可用于防治直翅目、鞘翅目、膜翅目,特别是鳞翅目的多种幼虫。苏云金杆菌可产生两大毒素:内毒素(伴孢晶体)和外毒素。伴孢晶体是主要毒素。

常用制剂:有可湿性粉剂和悬浮剂。

（七）虫线清

作用特点：虫线清乳油是一种高效低毒的新型杀虫杀线剂，对松材线虫病与松褐天牛等蛀干性害虫有独特效果。可用于喷雾和打孔注药。

常用制剂：16%虫线清乳油。

七、几种常用的药械

（一）3WF-20喷雾喷粉机

3WF-20喷雾喷粉机如图2-1所示。药箱容积：20 L；水平射程：≥21 m（实验室标准情况下）；垂直射程：≥18 m（实验室标准情况下）；最大喷雾量：≥5.5 L/min；最大喷粉量：≥3.5 kg/min；配套动力形式：单缸风冷二冲程汽油机；标定功率：4.0/7 000 kW/（r/min）；排量：82.4 mL；燃油消耗率：≤544 g/（kW·h）；使用燃油：92#及以上标号的汽油与二冲程机油按30:1配比的混合油；点火方式：电子点火；启动方式：手拉自回绳；停车方式：停车开关停止。

图2-1　3WF-20喷雾喷粉机

（二）手提式烟雾机

手提式烟雾机如图2-2所示。药箱容积：7 L；油箱容积：1.7 L；转速：50 r/min；排量：10 CC；耗油量：1.2 L；药液输出量：8～35 L；供电：直流3 V电池DC3V；点火方式：无触点；工作形式：侧挂式手握；材质（油箱、药箱）：优质304不锈钢。

（三）弯管烟雾机

弯管烟雾机如图2-3所示。药箱容积：6.5 L；油箱容积：1.5 L；燃料消耗：1.2～2 L/h；燃烧室性能指标：13.8～18.2 kW/Hp/18.8～

图 2-2　手提式烟雾机

24.8 kW/Hp;药液最大输出量:45 L;药液输出量:8~45 L;供电:2×1.5 V 电池;药箱压力约:0.25 bar 或 25 Pa;油箱压力约:0.06 bar 或6.0 Pa。

图 2-3　弯管烟雾机

(四)风送式喷雾机、烟雾机

风送式喷雾机、烟雾机如图 2-4 所示。垂直射程 30~35 m,水平射程 40~45 m,穿透性好;采用柴油发电机组,稳定、可靠、噪声低;采用自动控制,遥控操作(可在驾驶室内操作),操作简单方便;超低量、低量、常量喷雾,用药省,药剂利用率高,污染小;劳动强度低,工作效率高(每小时可防治 500~650 亩),防治成本低。

适用范围:"三北"防护林、田网防护林、速生用材杨树林、经济林、高速公路两旁绿化树、城市行道树等高大林木的病虫害防治。

图 2-4　风送式喷雾机(烟雾机)

(五)手推式喷雾机

手推式喷雾机如图 2-5 所示。水箱容积:300 L;水泵:30 型柱塞泵;流量:20～35 L/min;喷枪规格:Φ8.5 mm;喷射距离:10～15 m。设计合理,适合各种剂型杀虫剂使用。高压、大容量,雾粒射程可达 10 m以上,是本机设计的一大特点。车架牢固、轻便、重心低,车轮耐磨,适合运行于各种凹凸不平的地面。配有 50 m 软管,提高作业范围,是正常大面积喷洒的理想机械。

图 2-5　手推式喷雾机

(六)履带自走式喷雾机

履带自走式喷雾机如图 2-6 所示。药箱容积:450 L;启动方式:电启动/手拉启动;射程:两侧各 8 m、高度 7 m;流量:20～42 L/min;喷雾控制方式:分段式控制;10～12 个喷头。操作方便,机动性小,通过性强,可适应各种环境作业。喷雾均匀,风力强劲,喷雾穿透力强,雾化效果好,附着力强;有手持喷枪,可定点于果树深处进行药物喷洒。前段喷杆设计,可对果树上端进行药物喷施。

图 2-6　履带自走式喷雾机

(七)频振式太阳能杀虫灯

频振式太阳能杀虫灯如图 2-7 所示。触杀虫网:采用不锈钢方形竖网连接,竖丝直径 2 mm,电网电压:≤6 kV±500 V,设有电网过流短路保护装置,防止因虫体残余电网短路;诱集光源:频振灯管 365~680 nm,使用寿命:>50 000 h;撞击面积:≥0.17 m^2;灯管启辉时间:≤5 s;太阳能电池板组件:单晶硅太阳能电池板,功率≥40 Wp(根据当地光辐照强度选配);控制面积:40~60 亩。

图 2-7　频振式太阳能杀虫灯

第三章 主要虫害识别与防治

第一节 食叶害虫

一、春尺蠖

【学名】 *Apocheima cinerarius*（Erschoff）。

【分类】 属鳞翅目尺蛾科。

【寄主】 杨树、沙枣树、柳树、榆树、槐树、桑树、苹果、梨、核桃、沙果等,在河南主要以杨树为寄主。

【分布与危害】 国内分布于新疆、陕西、黑龙江、宁夏、甘肃、青海、内蒙古、山西、山东、江苏、河北、河南等地;河南大部分地区有分布。

以幼虫取食叶片危害,初孵幼虫取食幼芽,使幼芽发育不齐、展叶不全。幼虫发育快,食量大,发生期比较早,不易被发现。可将整枝叶片全部食光并扩展到整株树,造成点片树木乃至整条林带或片林"春树冬景"。

【识别特征】

成虫:雌雄异型,体色多变,与寄主植物树种的树皮、树叶颜色很接近,利于保护自己(见图3-1)。雌蛾无翅,体灰褐色,复眼黑色,触角丝状,腹部各节背面有数目不等的成排黑刺,刺尖端圆钝,腹部末端臀板有突起和黑棘列。雄蛾触角羽毛状,前翅淡灰褐色至黑褐色,从前缘至后缘有3条褐色波状横纹,中间一条不明显。

卵:椭圆形,常成块产出,有珍珠光泽,卵壳上有整齐刻纹。初产时黄褐色或粉红色,孵化前深紫色或黑色。

幼虫:共5龄,老熟幼虫灰褐色,腹部第二节两侧各有一瘤状突起,腹线白色,气门线一般为淡黄色;幼虫爬行时弓背而行,好似用手指量物一般,故称尺蠖。

(a)幼虫　　　　　　　　　(b)蛹

(c)雌成虫　　　　　　　　(d)雄成虫

图 3-1　春尺蠖

蛹:长 12~20 mm, 灰黄褐色,臀棘分叉,雌蛹有翅的痕迹。

【**生物学特性**】　在滑县一年发生 1 代,以蛹在树冠下土壤中越冬,蛹期可达 9 个多月。2 月中旬开始羽化,3 月底为羽化末期,成虫期两个半月左右。卵始见于 2 月下旬,3 月上旬进入产卵盛期。3 月中旬树芽萌动时,卵开始孵化,3 月下旬为孵化盛期,4 月是幼虫危害盛期。4 月下旬、5 月上旬幼虫开始老熟,入土化蛹越夏、越冬。

　　成虫多在下午和夜间羽化出土,雄虫有趋光性,白天多潜伏于树皮缝隙、枯枝、枝杈断裂等处,夜间交尾产卵,一般产 200~300 粒,最多 600 粒。初孵幼虫活动能力弱,取食幼芽和花蕾,较大则食叶片;4~5 龄幼虫耐饥能力强。初龄幼虫能在树枝之间、树与树之间吐丝结成网幕,这时大量发生。4 月下旬、5 月上旬,气温升高,老熟幼虫先后入土分泌黏液硬化土壤做土室化蛹,入土深度以 16~30 cm 处为多,约占

65%,最深达 60 cm,多分布于树干周围和低洼处。

【防治技术】

(1)阻隔防治。树干下部缠绕宽20~30 cm 的塑料环,阻止成虫上树产卵;在缠绕塑料环前,先将树干的老皮刮去(注意将树皮刮平即可,不要伤到树木的韧皮部,个别深沟或小洞可用泥抹平),要经常检查塑料环有没有损坏或脱落,塑料环与树皮间有无缝隙,若发现应及时补救。

(2)灯光诱杀。利用成虫趋光的习性,在成虫盛发期的 3 月上旬,在田间设置黑光灯诱杀成虫以控制虫源,降低虫口密度。灯诱方式可分为固定灯源和活动灯源两种。

(3)化学防治。在幼虫危害盛期,可采用飞机超低容量喷雾,选择25%阿维·灭幼脲Ⅲ号悬浮剂或者3%苯氧威乳油或1%苦参碱等仿生制剂或植物源杀虫剂,每亩 40~50 g;还可以地面机械常量喷雾,选用25%灭幼脲Ⅲ号悬浮剂 2 000 倍、3%苯氧威乳油 3 000 倍等仿生制剂喷雾;喷烟法,一般在晴朗、无风或微风时进行,选用油溶性苯氧威、苦参碱、高氯菊酯等农药,按药与柴油 1:(5~8)的比例混合喷烟。

(4)生物防治。利用春尺蠖核型多角体病毒(NPV)防治春尺蠖,地面喷洒为 $3.0×10^{11}$~$6.0×10^{11}$ PIB/hm²,飞机喷洒为 $3.75×10^{11}$ PIB/hm²。防治时间以 1~2 龄幼虫占85%时最好。

二、国槐尺蠖

【学名】 *Semiothisa cinerearia* (Bremer et Grey)。

【分类】 属鳞翅目尺蛾科。

【寄主】 国槐、刺槐、龙爪槐、蝴蝶槐。在滑县主要以国槐为寄主。

【分布与危害】 分布于河南、河北、山东、江苏、浙江、安徽、江西、陕西、甘肃等地。

幼虫取食叶片,常将叶片食尽,削弱树势,降低园林树木的观赏价值,且幼虫吐丝下垂随风飘散惊扰群众,是滑县国槐的主要食叶害虫之一。

【识别特征】

成虫:体长 12~17 mm,翅展 30~45 mm。体灰褐色,触角丝状。前后翅面上均有深褐色波状纹3条,展翅后都能前后连接,靠翅顶的1条较宽而明显。停落时前后翅展开,平铺在体躯上。

卵:钝椭圆形,长0.58~0.67 mm,宽0.42~0.48 mm,初产时绿色,后渐变暗红色至灰黑色,卵壳透明。

幼虫:初孵时黄褐色,取食后为绿色,2~5龄幼虫均为绿色。春季老熟幼虫体长38~42 mm,气门线黄色,气门线以上密布小黑点。秋季老熟幼虫体长45~55 mm,每节中央呈黑色"十"字形(见图3-2)。

(a)　　　　　　　　　　(b)

图3-2　国槐尺蠖幼虫

蛹:圆锥形,长约16.3mm,初粉绿色,后褐色。

【生物学特性】　在滑县1年发生3代,有世代重叠现象,以蛹在土中越冬,靠近树干部位分布比较集中。翌年4月中旬越冬蛹开始羽化。第一代幼虫始见期是5月中旬,历代幼虫危害盛期分别是5月下旬、7月中旬、8月下旬至9月上旬。9月上旬开始入土化蛹越冬,个别幼虫危害至10月上旬。

成虫多于傍晚羽化,一般喜欢在海棠花上取食来补充营养,当天即可交尾,第2天后产卵。卵散产于叶片及叶柄和小枝上,以树冠南面最多。平均产卵量为155~213粒,19时至21时幼虫孵化量最大,孵化后即开始取食。幼虫能吐丝下垂,随风飘散,或借助胸足和腹足的攀附,在树上做弓形的运动;老熟幼虫不会吐丝,但能沿着树干向下爬,或直接掉落在地面上,大多数在白天即可入土化蛹。幼虫入土深度为3~6 cm,少数12 cm。行道树幼虫多在绿篱下、墙根浮土中化蛹。无适宜的化蛹场所时,也可在裸露的地面化蛹,但成活率很低。

【防治方法】 (4~9月)越冬成虫及各代卵和幼虫期:①利用雄成虫的趋光性,进行灯光诱杀。②在成虫产卵期,林间释放赤眼蜂。③利用幼虫吐丝下垂习性,摇树将幼虫振落,就地杀死。④于3龄幼虫前喷20%除虫脲悬浮剂10 000倍液,或600~1 000倍的每毫升含孢子100亿以上的BT乳剂等仿生制剂或生物制剂。

(10月至翌年3月)越冬蛹:①于3月之前,在树木附近4 cm多深松土挖蛹消灭。②国槐栽培地不种植海棠植物,使成虫不能及时顺利补充营养,减少成虫产卵量。

三、枣尺蠖

【学名】 Chihuo zao Yang。

【别名】 枣步曲、量量吃、造桥虫。

【分类】 属鳞翅目尺蛾科。

【寄主】 枣、苹果、梨、葡萄、杨树、刺槐、花生、甘薯、核桃等多种植物;在河南主要以枣树为寄主。

【分布与危害】 国内分布于山东、山西、陕西、浙江、安徽、河北、河南等地。

主要以幼虫危害枣芽、花蕾和叶片。当枣芽开始萌动吐绿时,初孵幼虫即开始取食嫩芽,严重时可将枣芽吃光,造成大量减产,大发生时将枣树啃成光杆,不仅当年毫无收成,而且影响第二年产量,将叶片全部吃光后可转移到其他果树。

【形态特征】

成虫:雌雄异型,雌虫无翅,黑褐色,头小,喙退化,触角丝状、褐色,胸部膨大,足3对,各足胫节有白环5个;雄虫淡灰色,触角羽毛状,前翅灰褐色,有黑色弯曲的条纹3条,后翅灰色,内侧有一个黑点。

卵:扁圆形,初产时淡绿色,后转为灰黄色,近孵化时黑色。

幼虫:共5龄,1龄初孵幼虫灰黑色,2龄幼虫深绿色,体表有7条白色纵纹;3龄幼虫灰绿色,体表有13条白色纵纹;4龄幼虫灰褐色,体表有13条黄白与灰白相间的纵条纹;5龄幼虫灰褐色或青灰色,体表有灰白断续纵纹25条。老熟幼虫体长35~40 mm,见图3-3。

图 3-3 枣尺蠖幼虫

蛹:纺锤形,长 13~15 mm,初绿色,后变黄色至红褐色,雌蛹大,雄蛹小,腹尖,蛹尾部具褐色臀棘。

【生物学特性】 在河南一年发生 1 代,以蛹分散在树冠下土壤中 8~20 cm 处越冬,靠近树干的部位较集中。翌年 3 月中旬开始羽化,3月下旬至 4 月中旬进入羽化盛期。羽化期可持续 50 d 左右,雌雄比为2:1,成虫寿命 5~6 d。4 月中旬幼虫开始孵化危害,幼虫孵化时间长,可达 50 d 左右,4 月下旬至 5 月上旬是危害盛期,5 月下旬开始落地化蛹越夏越冬,6 月中旬化蛹完毕。

成虫具趋光性、假死性。雌成虫无翅,成虫羽化后,雄蛾直接飞到树干或枝条阴面休栖,雌蛾则先在土表潜伏一段时间,傍晚才开始大量出土,然后开始上行爬树,寻找配偶进行交配。交配后 2~3 d,雌虫进入产卵高峰期,卵产于枝杈粗皮缝内,几十至几百粒排列成整齐的片状或不规则状,每雌产卵约 1 200 粒。卵期 15~25 d,卵块分布集中。小龄幼虫群集危害叶芽,大些后分散危害。幼虫具有假死性。小龄幼虫受惊后即吐丝下垂,悬于空中,随后顺丝再折返枝叶或随风转移危害。大龄幼虫吞食叶片,受惊吐丝后落地,再爬回树上继续危害。

【防治方法】 成虫、卵期:运用阻隔法,在树干基部,刮去老粗皮,绑 20 cm 宽的扇形塑料薄膜,薄膜中部用毒草绳捆之,将塑料薄膜向下翻卷成喇叭形,阻杀雌成虫上树;利用雄成虫的趋光性,进行灯光诱杀;成虫产卵期,林间释放赤眼蜂。

幼虫期:利用假死性,摇树振落幼虫,就地杀死;喷洒药剂防治,选用25%阿维·灭幼脲Ⅲ号悬浮剂或者3%苯氧威乳油等仿生制剂1 000~2 000倍液,或20%除虫脲7 000倍液;该虫对菊酯类药剂敏感,可选用2.5%高效氯氰菊酯乳油或20%氰戊菊酯乳油2 000倍液等。

蛹:枣园秋翻灭蛹;人工土中挖蛹。

四、美国白蛾

【学名】 Hyphantria cunea（Drury）。

【别名】 秋幕毛虫、秋幕蛾。

【分类】 属鳞翅目灯蛾科白蛾属。

【寄主】 杂食性,寄主植物非常广泛,危害多种树木、农作物及蔬菜,以危害阔叶树为主,包括果树、行道树、观赏树木和蔬菜等多达49科108属300多种植物;在滑县主要以杨树、白蜡、法桐、椿树、榆树为寄主。

【分布与危害】 分布于北京市、天津市、河北省、内蒙古自治区、辽宁省、吉林省、安徽省、江苏省、山东省、河南省;河南省内主要分布在郑州市、开封市、安阳市、新乡市、濮阳市、许昌市、商丘市、周口市、驻马店、信阳市。滑县有分布。

口器为刺吸式,以幼虫取食叶片危害,初孵幼虫有吐丝结网、群居危害的习性,每株树上多达几百只、上千只幼虫,常将整株叶片或成片树叶食光,整个树冠全部被网目笼罩,严重影响树木生长和绿化景观,是外来入侵物种,为我国林业检疫性有害生物。

【形态特征】

成虫:体白色,雄成虫触角双栉齿状,黑色。雌成虫触角锯齿状,褐色(见图3-4)。复眼黑褐色,下唇须小,侧面黑色。翅的底色为白色,布满鳞片。翅斑变化有明显的季节性,春季羽化的雄成虫前翅多布较密的暗色斑点,夏季羽化的雄成虫前翅多无斑或有较少暗色斑。雌成虫不同季节羽化的前翅多无斑或少数个体有较少暗色斑。

卵:多产于叶背,呈块状,常覆盖雌蛾体毛(鳞片)。圆球形,初产时呈黄绿色,不久颜色变深,孵化前呈灰褐色,卵面有无数有规则的凹陷刻纹。

幼虫:黄绿色,有体毛,老熟时体圆筒形,体色黄绿至灰黑色,头黑色、有光泽,背部有1条灰黑色或深褐色宽纵带,带上着生黑色毛瘤;体侧淡黄色,着生橘黄色毛瘤。腹面灰黄色至淡灰色。

蛹:体长8~15 mm,宽3~5 mm,暗红褐色。茧淡灰色、薄,由稀疏的丝混杂幼虫的体毛编织而成。

(a)雄成虫　　　　　　　　(b)雌成虫及卵

(c)幼虫　　　　　　　　　(d)蛹

图3-4　美国白蛾

【生物学特性】　在滑县一年发生3代,有世代重叠现象,化蛹场所一般有老树皮下、地面枯枝落叶、地面表土内等。在5月初和5月底均有初孵幼虫,第一代蛹、成虫和第二代卵、幼虫在7月上旬可同时存在。滑县在4月中旬发现越冬代成虫。成虫发生期分别为4月中旬至5月中旬(第一代)、6月下旬至7月中旬(第二代)、8月(第三代);幼虫危害盛期分别为5月上旬至6月中旬、7月上旬至8月上旬、8月中旬至9月下旬。

成虫喜夜间活动和交尾,交尾后在寄主叶背上产卵,卵单层排列成块状,1 块卵有数百粒,多者可达千粒,卵块上覆盖有白色麟毛,卵期15 d 左右。越冬代成虫多在寄主树冠的中、下部叶背处产卵;越夏代成虫则多在树冠的中、上部产卵。幼虫孵出几个小时后即吐丝结网,开始吐丝缀叶 1~3 片,随着幼虫生长,食量增加,更多的新叶被包进网幕内,网幕也随之增大,最后犹如一层白纱包裹整个树冠。幼虫期 30~40 d,共 7 龄,具有暴食性。4 龄开始分散,同时不断吐丝将被害叶片缀合成网幕,网幕随龄期增大而扩展。5 龄以后幼虫开始分散活动,进入暴食期,食量增大,取食后仅留叶片的主脉和叶柄。末龄幼虫的食量占整个幼虫取食总量的 90% 以上。幼虫耐饥饿力较强,5 龄以上的幼虫可以 9~15 d 不进食仍能存活。这一习性使美国白蛾很容易随货物或交通工具做远距离传播。

【防治技术】 发生期(4~9 月):①剪除网幕。在每一代的幼虫网幕盛期,对发现的美国白蛾网幕用高枝剪剪下并立即集中烧毁或者深埋,发现散落在地上的幼虫立即杀死。②地面喷药。在每一代幼虫 2 龄初期,根据林地类型等条件选择适宜的喷药器械,喷洒 25% 灭幼脲Ⅲ号 2 000 倍液或 20% 除虫脲悬浮剂 5 000 倍液或 3% 高渗苯氧威乳油 2 500 倍液等仿生制剂;或者喷洒 1.2% 烟碱·苦参碱乳油 2 000 倍液或 1% 苦参碱 1 500 倍液等植物源杀虫剂;也可以在清晨或傍晚,采用烟碱·苦参碱乳油:柴油为 1:(5~10)的比例喷烟。③飞机喷药。对相对集中连片的林木,尤其是生态廊道林,选用 25% 阿维·灭幼脲Ⅲ号悬浮剂或者 3% 苯氧威乳油或 1% 苦参碱等仿生制剂或植物源杀虫剂,进行飞机超低容量喷雾防治,每亩用量 40~50 g。④灯光诱杀。在公园、广场等人为活动比较频繁的林区等地设置频振式杀虫灯,利用美国白蛾的趋光性,夜间诱杀成虫。⑤释放周氏啮小蜂。在美国白蛾每代幼虫期按其虫口 3 倍的数量分 2 次释放白蛾周氏啮小蜂(在美国白蛾老熟幼虫期放一次,隔 7~10 d 即美国白蛾化蛹初期再放 1 次)。

蛹(10 月至翌年 3 月):人工灭除越冬蛹。

五、杨小舟蛾

【学名】 *Micromelalopha troglodyta*(Graeser)。

【分类】 属鳞翅目舟蛾科。

【寄主】 杨树、柳树等,滑县主要以杨树为寄主。

【分布与危害】 国内分布于黑龙江、吉林、辽宁、山东、河北、河南、安徽、江苏、四川等地。

以幼虫取食叶片。大发生时,可将叶片吃光,严重影响树木生长。

【形态特征】

成虫:体色变化较大,有黄褐、红褐和暗褐等色。前翅有 3 条灰白色横线,每线两侧具暗边,内横线在亚中褶下呈屋顶形分叉,内叉较外叉明显,外横线呈波浪状,横脉为 1 个小黑点,后翅黄褐色,臀角有 1 个赭色或红褐色小斑。前翅后缘中央有突出的毛簇,静伏时翅呈屋脊状。触角丝状。静止时前足向前伸,似兔状,见图 3-5。

(a)幼虫

(b)蛹

(c)成虫

图 3-5 杨小舟蛾

卵:半球形,黄绿色,紧密排列于叶面呈块状,有的卵块在叶背。

幼虫:共 5 龄,体色变化较大,从灰褐色至灰绿色不等,体侧各具一条黄色纵带,体上生有不明显肉瘤,以腹部第一节和第八节背面肉瘤较大,呈灰色,上面生有短毛。静伏时头尾翘起,如舟形。

蛹:褐色,近纺锤形。

【生物学特性】 在河南一年发生 4~5 代,以蛹越冬。翌年 4 月初越冬代成虫出土,一直到 5 月中旬还有成虫,出土时间跨度大,有世代重叠现象,夏秋季既能看到蛹、成虫,也能见到卵和幼虫。一般 4 月下旬是越冬代成虫羽化盛期,6 月上旬是第一代成虫羽化盛期,7 月上旬是第二代成虫羽化盛期,7 月底和 8 月初是第三代成虫羽化盛期,8 月底是第四代成虫羽化盛期。卵历期 1 周左右。第一代至第五代幼虫危害盛期分别是 5 月中旬、6 月中旬、7 月中旬、8 月中旬、9 月下旬,尤其是 6 月中旬和 7 月中旬危害最凶。第五代危害至 10 月下旬下树在表土层中或枯枝落叶中化蛹越冬。

成虫不擅飞行,具有较强的趋光性,昼伏夜出,下午至傍晚为羽化高峰期,寿命 4~9 d,白天隐蔽于叶片背面、枝条或树干上,傍晚开始活动。成虫有多次交尾习性,卵多产于叶片上,越冬代成虫少部分将卵产于树干或枝条上,卵呈单层块状,每块 70~500 粒,散产的卵块多不孵化,卵孵化率 80%以上。初孵幼虫群集叶背啃食表皮,被害叶具篓网状透明斑,稍大后分散蚕食,仅留叶脉;3 龄后取食叶片成缺刻或食尽全叶,4 龄后进入暴食期,幼虫昼夜均能取食,夜间危害最烈。幼虫取食常导致残叶飘落,次晨在树冠下可见大量咬落的碎叶和粪便。幼虫行动迟缓,寻食时能吐丝下垂随风飘移;老熟幼虫大部分下树在枯枝落叶中或表土层中结薄茧化蛹(有的不结薄茧),少部分在树冠缀叶或树洞、树皮裂缝内结薄茧化蛹。

【防治技术】 成虫期(4 月、6 月和 7 月上旬、8 月):利用成虫的趋光性,夜晚设置杀虫灯诱杀。杀虫灯布设间距一般 100 m 左右,距地面高 1.5 m 左右,定期清理接虫袋。成虫羽化初期挂灯,羽化末期收灯。

卵、幼虫期(5 月至 8 月中旬、9 月下旬):①在幼虫 3 龄期前喷施生物农药和病毒防治。地面喷雾:树高在 12 m 以下中幼龄林喷阿维菌素 6 000~8 000 倍液。2~3 龄期喷 25%灭幼脲 1 500~2 000 倍液,或 1.2%烟参碱乳油 1 000~2 000 倍液。②生物防治。第一代幼虫发生期喷洒 100 亿活芽孢/mLBT 可湿性粉剂 200~300 倍液,或 16 000 IU/mLBT 可湿性粉剂 1 200~1 600 倍液。于第一、二代卵发生盛期,每公顷释放 30 万~60 万赤眼蜂。

蛹(11 月至翌年 3 月):对越冬蛹密度高的林分,发动群众清除地表枯枝落叶,集中堆沤杀死越冬蛹,耕翻林地,使越冬蛹受冻而死。

六、杨扇舟蛾

【学名】　*Clostera anachoreta*(Denis & Schiffermüller)。

【分类】　属鳞翅目舟蛾科。

【寄主】　杨树、柳树等,滑县地区主要以杨树为寄主。

【分布与危害】　国内除新疆、贵州、广西和台湾外均有分布。

以幼虫取食叶片,2 龄以后幼虫吐丝缀叶,形成大的虫苞;3 龄后分散取食,严重时将林木叶片全部吃光,仅留叶脉和叶柄,大发生时常猖獗成灾,可将成片杨树叶吃光,影响树干正常生长,造成树势衰弱。

【形态特征】

成虫:成虫体灰褐色,前翅面有 4 条灰白色波状横纹,顶角有一个褐色扇形斑。外横线穿过扇形斑一段,呈斜伸的双齿形,外衬 2~3 个黄褐色带锈红色斑点,扇形斑下方有 1 个较大的黑点。后翅呈灰褐色。

卵:扁圆形,初产为橙黄色,半透明,后变为橙红色,又变为棕红色,在孵化前,开始由棕红色逐渐变为暗灰色,最后变为外壳透明、内核发黑的孵化卵。

幼虫:初孵幼虫墨绿色,体长约 0.28 mm,老熟幼虫体具白色细毛(见图 3-6)。头黑褐色。全身密披灰黄色长毛,体灰赭褐色,腹部背面带淡黄绿色每节着生有 8 个环形排列的橙红色瘤,瘤上具有长毛,腹部第一节和第八节背面中央有较大的红黑色瘤。

蛹:褐色,尾部有分叉的臀棘;茧,灰白色,椭圆形。

【生物学特性】　在河南一年发生 4 代,以蛹在落叶、粗树皮下、地被物或表土层内结茧越冬。最早 4 月中上旬可以见到越冬成虫,开始交配,5 月初开始产卵,5 月上旬出现第 1 代幼虫,5 月中下旬为幼虫盛发

(a)卵

(b)幼虫

(c)成虫

图3-6　杨扇舟蛾幼虫

期,6月上中旬第1代成虫出现;6月中旬出现第2代卵,一周后开始孵化,6月下旬为第2代幼虫出现盛期,第2代成虫出现于7月中旬;7月下旬为第3代幼虫盛期,8月中旬开始羽化;8月下旬为第4代幼虫盛发期,这代幼虫危害至9月中下旬开始化蛹越冬,9月下旬达到化蛹越冬盛期。世代重叠现象严重,夏秋季既能看到蛹、成虫,也能见到卵和幼虫。

成虫昼伏夜出,傍晚羽化最多,有趋光性强和多次交尾习性,上半夜交尾,下半夜产卵,寿命6~9 d。越冬代成虫的卵多产于小枝上,以后各代主要产于叶背面。卵单层、块状,每个卵块有卵粒9~600粒,每雌产卵100~600粒。卵期7~11 d。幼虫期33~34 d,初孵幼虫群集啃食叶肉,2龄吐丝缀叶成苞,被害叶枯黄,甚为明显;3龄后分散取食,食全叶,可吐丝随风飘迁他处危害,末龄幼虫食量占总食量的70%左右,老熟幼虫常在树上卷叶化蛹,越冬蛹在树下土壤和枯枝落叶中。

【防治方法】　成虫期(4月、6月和7月上旬、8月):利用成虫的趋光性,夜晚设置杀虫灯诱杀。杀虫灯布设间距一般100 m左右,距地面高1.5 m左右,要固定专人看管,定期清理接虫袋。

卵、幼虫期(5月至8月中旬、9月下旬):①飞机超低容量喷雾法、地面机械常量喷雾法、喷烟法参照春尺蠖。②零星大树可以用树干注射防治法:使用树干打孔注药机或其他工具将一定量的内吸性强的农药注入木质部,通过树干输送到叶部,达到杀虫的目的。打孔深度2 cm左右,打孔方向斜向下,每孔用针管慢慢推入40%氧化乐果等原液,药液渗入后用黄泥封口;依树体大小每株打孔1~5个。③生物防治:第一代幼虫发生期喷洒100亿活芽孢/mLBT可湿性粉剂200~300倍液。于第一、二代卵发生盛期,每公顷释放30万~60万赤眼蜂。

蛹(11月至翌年3月):对越冬蛹密度高的林分,发动群众清除地表枯枝落叶,集中堆沤杀死越冬蛹,耕翻林地,使越冬蛹受冻而死。

七、杨毒蛾

【学名】　*Leuoma candida*（Staudinger）。

【分类】　属鳞翅目毒蛾科。

【寄主】　杨树、柳树、白桦、槭树等,杨树和柳树的主要害虫。

【分布与危害】　在河南全省均有分布。是杨、柳的主要害虫之一,以幼虫取食叶片,暴发性强,大发生时数天之内即可将叶片吃光,严重影响树木生长甚至导致死亡,常常与柳毒蛾伴随发生。

【形态特征】

成虫:体翅均为白色,雄成虫翅展35~42 mm,雌成虫翅展48~52 mm。翅有光泽,不透明。触角黑色,有白色或灰白色环节;下唇须黑色;足黑色,胫节和跗节有白环。

卵:馒头形,灰褐色至黑褐色,成块状堆积,卵块上被灰色泡沫状物。

幼虫:老龄幼虫体长30~50 mm。头棕色,有两个黑斑,刚毛棕色[见3-7(a)]。体黑褐色,亚背线橙棕色,上面长满黑点。腹部第1、2、6、7节有黑色横带,将亚背线切断,气门上线和下线黄棕色且有黑斑;腹面暗褐色;身体各节具瘤状突起,蓝黑色;足为棕色。

蛹:棕黑色有棕黄色刚毛,长20~25 mm,表面粗糙[见3-7(b)]。

(a)幼虫　　　　　　　　　(b)蛹

图3-7　杨毒蛾

【生物学特性】

河南1年发生2代,危害期40 d左右,以2~4龄幼虫在树干基部老翘皮缝隙、粗皮缝及土块石块下结茧越冬。翌年4月上、中旬开始上树危害,6月中、下旬老熟化蛹。越冬成虫7月开始出现,随后交尾、产卵,孵化出现第一代幼虫。8月中、下旬老熟幼虫开始化蛹,9月中旬开始孵化出第2代幼虫,9月中、下旬为孵化高峰。10月以2龄幼虫越冬。

成虫有较强的趋光性,白天下树隐藏,夜晚上树危害,多将卵产在树皮或叶片上,堆积成大的灰白色卵块,最多达到1 100粒左右。初孵幼虫多隐藏在阴暗处,发育一段时间后开始上树取食嫩梢叶肉,受惊扰时,立即停食不动或迅速吐丝下垂,随风飘往他处。大龄幼虫分散取食,进入暴食期,危害剧烈,有明显的群居性。老熟幼虫钻入树干基部老翘皮内、枯枝落叶层下、石块土块下及土壤缝隙处吐丝作茧化蛹。

【防治技术】

越冬幼虫下树前(9月初),在树干基部绑草,来年春季3月检查幼虫数量并烧毁。若幼虫密度超过120头/株,就需要考虑药剂防治。

4月上旬在树干上喷施2.5%敌杀死、20%速灭杀丁或高效氯氰菊酯2 000~8 000倍液,阻杀上树幼虫,防治率可达85%以上。4月下旬大面积片林防治可用3%高渗苯氧威4 000~5 000倍杀卵、用25%阿维灭幼脲2 000~2 500倍液或2.5%溴氰菊酯1 500~2 000倍液喷雾防治。

八、舞毒蛾

【学名】 *Lymantria dispar*（Linnaeus）。

【别名】 秋千毛虫、苹果毒蛾、柿毛虫。

【分类】 属鳞翅目毒蛾科。

【寄主】 杨树、柳树、榆树、槭树、核桃、苹果、柿、梨、桃、杏、樱桃、板栗等多种植物。

【分布与危害】 分布于东北、西北、华北、华中地区,河南有分布。以幼虫危害叶片,该虫食量大、食性杂,严重时可将树木叶片吃光。

【形态特征】

成虫:雌雄异型,雄成虫体长约20 mm,前翅灰褐色或褐色,有深色锯齿状横线,中室中央有一黑点,有 4、5 条波状横带,外缘呈深色带状。雌成虫体长约 25 mm,前翅黄灰白色,有一个"<"形黑褐色斑纹,每两条脉纹间有一个黑褐色斑点,雌蛾腹部肥大,末端有黄褐色毛丛着生。

卵:圆形稍扁,直径 1.3 mm,初产为杏黄色,卵粒密集成块,其上覆盖有黄褐色绒毛。

幼虫:初孵幼虫体黑褐色,刚毛长,随着龄期的增长胸腹部的花纹逐渐增多,老熟时体长 50~70 mm,头黄褐色,有八字形黑色纹。前胸至腹部第二节的毛瘤为蓝色,腹部第 3~9 节的 7 对毛瘤为红色。

蛹:体长 19~34 mm,雌蛹大,雄蛹小。体色红褐色或黑褐色,被有锈黄色毛丛。

【生物学特性】

1 年发生 1 代,以卵在石块缝隙或树干背面洼裂处越冬,寄主发芽时开始孵化,初孵幼虫白天多群栖叶背面,夜间取食叶片成孔洞,受振动后吐丝下垂借风力传播,故又称秋千毛虫。2 龄后分散取食,白天栖息树杈、树皮缝或树下石块下,傍晚上树取食,天亮时又爬到隐蔽场所。幼虫期 50~60 d,5~6 月危害最重,6 月下旬老熟幼虫在树皮缝隙及碎石、砖块等处,吐丝其缠绕固定虫体预蛹,蛹期 10~15 d。7 月大量成虫羽化,羽化后当晚进行交尾,交尾后寻找树干产卵,初产卵杏黄色,逐渐由绿色变赤褐色,表面覆盖黄褐色绒毛。卵经 2~3 d 孵化,初孵幼虫先取食嫩芽,后蚕食叶片,大龄幼虫可将叶片全部吃光。舞毒蛾雌雄成虫均有强烈的趋光性。

【防治技术】

成虫:6 月末至 7 月初,利用黑光灯进行诱杀。

卵:7 月末至翌年 4 月,人工刮除树干、墙壁上的卵块。

幼虫期:5 月喷洒 20%灭幼脲Ⅲ号 2 000~2 500 倍液或 25%杀铃脲 600~1 000 倍液或 2.5%溴氰菊酯 1 500~2 000 倍液防治。

九、柳毒蛾

【学名】　*Stilprotia salicis*(Linnaeus)。

【别名】　秋千毛虫、苹果毒蛾、柿毛虫。

【分类】　属鳞翅目毒蛾科。

【寄主】 主要危害杨树、柳树,其次危害白蜡、槭树、榛子。是杨树的主要害虫之一。

【分布与危害】 分布于天津、河北、内蒙古、辽宁、吉林、黑龙江、江苏、山东、河南等地,河南有分布。

以幼虫危害叶片,该虫食量大,食性杂,短期内可将树木叶片吃光,严重影响树木生长。

【形态特征】

成虫:全身着生白色绒毛,复眼圆形、黑色。雌成虫触角短双栉齿状,触角干白色;雄成虫触角羽毛状,干棕灰色。足胫节和跗节有黑白相间的环状纹。

卵:扁圆形,绿色至灰褐色,上面有泡沫状白色胶质分泌物。

幼虫:老熟幼虫头部灰黑色,有棕白色绒毛,体黄色,体背各节有黄色或白色接合的圆形斑 11 个,第 4、5 节背面各有黑褐色短肉刺 2 个。体背每侧有黄色或白色细纵带各 1 条,纵带边缘黑色。

蛹:灰褐色带黄褐色斑,气门棕黑色,刚毛黄白色。

【生物学特性】

河南省一年发生 2 代,以幼虫在树皮夹缝中越冬。3~4 月开始危害,5 月中旬成长为老熟幼虫,潜伏于树皮裂缝内吐丝结茧化蛹。6 月越冬代成虫大量出现,7~8 月第一代成虫开始大量出现,直到 9 月逐渐进入末期。1~2 龄幼虫具有群集性,夜间上树取食,白天隐伏于树缝中,可吐丝下垂借风传播。第二代幼虫一直危害到 10 月底,陆续钻入树皮缝中或树干缠绕物中潜伏越冬。

【防治技术】

越冬代幼虫:4~5 月可采用飞机超低容量喷雾法、地面机械常量喷雾法、喷烟法;利用幼虫白天下树、晚上上树危害的习性,在树干胸高处涂毒环。

成虫:6~9 月利用成虫的趋光性,夜间设置杀虫灯诱杀。设置性诱捕器诱杀成虫。

10 月至翌年 2 月:低龄幼虫期喷洒 BT 乳剂 500 倍液或 2 亿孢子/mL 的青虫菌液。

十、盗毒蛾

【学名】　*Porthesia similis*（Fueszly）。

【别名】　黄尾毒蛾、桑毒蛾、桑斑褐毒蛾、金毛虫。

【分类】　属鳞翅目毒蛾科。

【寄主】　梨、苹果、杏、桃、李、板栗、柿、杨树、柳树、槐树、榆树、桑树、刺槐等林木。

【分布与危害】　国内主要分布于东北、华北、华东、西南等。河南有分布。主要是以幼虫为害嫩芽、嫩梢、叶片等部位。初孵幼虫群集在叶背面取食叶肉危害,被害叶面形成透明斑,3 龄后开始分散危害,造成叶片大缺,叶面呈网格状,仅剩叶脉。受害嫩芽多由外层向内剥食。人体接触毒毛常引发皮炎,有的造成淋巴发炎。

【形态特征】

成虫:雌虫体长 35~45 mm,翅展约 36 mm,体翅均白色;触角双栉齿状,头、胸、腹部基半部和足白色微带黄色,腹部其余部分和脏毛簇黄色;雄蛾前翅后缘近臀角处有 1~2 个褐色斑纹,雌蛾、雄蛾腹部末端均具金黄色毛丛。

卵:卵粒排列成块,直径 0.6~0.7 mm,扁圆形,中央稍凹陷,灰黄色,卵块长带状,被黄色毛丛。

幼虫:老熟幼虫体长 25~40 mm。头褐黑色,有光泽;臀部黄色,背线红褐色,体背各节具黑色毛瘤 2 对,瘤上生黑色长毛束及黄褐色短毛,此毛对人体有毒,腹部第 6、7 节背面中央各具橙红色盘状翻缩腺。亚背线白色,第 9 腹节瘤橙色,上生黑褐色长毛(见图 3-8)。

蛹:长 12~16 mm,长圆筒形,黄褐色,体被黄褐色绒毛;腹部背面1~3 节各有 4 个瘤。

茧:椭圆形,淡褐色,附少量黑色长毛。

【生物学特性】

在河南一年发生 3~4 代,以幼虫在树干粗皮裂缝内或枯叶里结茧越冬。翌年初春取食嫩叶、幼芽。5~6 月成虫出现,产卵于叶片上,常数十粒排列成长带状的卵块,其表面覆有黄毛。幼虫孵化后聚集在叶片上危害叶肉,随后分散危害,将叶片咬成缺刻,老熟幼虫爬到树干裂

图 3-8　盗毒蛾幼虫

缝内或枯叶间结茧化蛹。7~8 月成虫羽化产卵,幼虫孵化后危害至秋季潜入树皮缝内结黄色小茧越冬。

【防治技术】

可参考柳毒蛾的防治技术。

十一、杨白潜叶蛾

【学名】 *Leucoptera susinella*(Herrich-Schfer)。

【别名】 杨白潜蛾、潜叶虫。

【分类】 属鳞翅目潜蛾科。

【寄主】 寄主植物为柳树、杨树等。

【分布与危害】 黑龙江、吉林、辽宁、河北、内蒙古、山东、河南均有分布。被潜食的叶片形成中空的大黑斑,受害严重时大部分叶片变黑,焦枯,容易提前脱落,苗圃发生较为普遍。

【形态特征】

成虫:体长 3~4 mm,体腹面和足银白色。头顶有 1 丛竖立的银白色毛;触角银白色,其基部形成大的"眼罩"。前翅银白色,近端部有 4 条褐色纹,1、2 条和 3、4 条之间呈淡黄色,2、3 条之间为银白色,臀角上有 1 黑色斑纹,斑纹中间有银色凸起,缘毛前半部褐色,后半部银白色;后翅披针形,银白色,缘毛极长。

卵:扁圆形,长 0.3 mm,暗灰色,表面具网眼状刻纹。

幼虫:老熟幼虫体长 6.5 mm,体扁平,黄白色。头部及胴部每节侧方生有长毛 3 根。前胸背板乳白色(见图 3-9)。体节明显,腹部第三节最大,后方各节逐渐缩小。

蛹:梭形,浅黄色,长 3 mm,藏于白色丝茧内。

图3-9 杨白潜叶蛾幼虫

【生物学特性】

1年发生 4 代,世代重叠严重,以蛹在树干皮缝等处的"H"形白色薄茧内越冬。翌年 4 月中旬越冬成虫羽化,经 4~8 d 交尾。交配后的雌虫飞到杨树嫩叶片正面贴近主脉或主侧脉处产卵,卵通常 5~7 粒排列成行。幼虫孵化后从卵壳底面咬孔潜入叶片组织取食叶肉,一张叶片常有幼虫 7 条以上。幼虫不能穿过主脉,但老熟幼虫可穿过侧脉潜食,被害处形成黑褐色虫斑。老熟幼虫钻出叶片,在叶片化蛹,但是越冬蛹多在树干缝隙、疤痕等处。

以后 5 月上旬、6 月上旬至 9 月中下旬都有出现,一直危害至 10 月越冬。

【防治方法】

卵期、成虫(5~9 月):可应用杀虫灯(黑光灯)诱杀成虫;害虫产卵初期,设赤眼蜂放蜂点每公顷 50 个,放蜂量 25 万~150 万头。

幼虫期或斑块出现盛期(5~7 月):喷施 25%灭幼脲Ⅲ号 1 500 倍液+ 40%氧化乐果 800 倍液防治;人工摘除虫叶,集中销毁或深埋。

蛹(10 月至翌年 6 月):越冬代成虫羽化前,及时清除落叶,树干涂白防治树皮下越冬蛹。

十二、杨黄卷叶螟

【学名】 *Botyodes diniasalis*(Walker)。

【别名】 黄翅缀叶野螟。

【分类】 属鳞翅目螟蛾科。

【寄主】 危害杨树、柳树等;河南主要危害杨树。

【分布与危害】 国内分布于黑龙江、吉林、辽宁、北京、河北、河南、陕西、宁夏、山西、山东、江苏、安徽、上海、广东等地。

主要以幼虫取食叶片,受害叶被幼虫吐丝缀连呈"饺子"状或筒状,受害枝梢呈"秃梢",是河南杨树的主要害虫之一。

【形态特征】

成虫:体长约12 mm,翅展约29 mm。体鲜黄色,头部褐色,两侧有白条,触角淡褐色。胸、腹部背面淡黄色。雄成虫腹末有1束黑毛。翅黄色,前翅具灰褐色、断断续续的波状横纹,其内侧有黑斑,外侧有一短线,后翅有1块暗褐色中室端斑,有外横线和亚缘线。前、后翅缘毛基部有暗褐色线。

卵:扁圆形,乳白色,近孵化时黄白色,卵粒排成鱼鳞状,集成块或长条。

幼虫:老熟幼虫体长约20 mm(见图3-10),黄绿色,头两侧近后缘各有一黑褐色斑点与胸部两侧的斑纹形成一条纵纹,体两侧各有一条浅黄色纵带。

蛹:长15 mm,宽4 mm,淡黄色,外面有一层白色丝织薄茧。

【生物学特性】

一般一年发生4代,有世代重叠现象,以初龄幼虫在树皮缝隙、落叶及地被物中结茧越冬。翌年4月寄主萌芽后上树取食,越冬代成虫6月上旬开始羽化;第一代成虫7月上旬至8月上旬出现,第二代8月上旬至9月上旬出现,第三代8月下旬至10月中旬出现,第四代幼虫10月底先后越冬。

成虫白天隐伏,夜晚活动。趋光性强。卵产于叶背,以主脉两侧最多,卵成块、成串或单粒分布于新梢叶背。初孵幼虫喜欢群居啃食叶肉,随后吐丝缀嫩叶呈"饺子"形或在叶缘吐丝将其折叠,内栖取食。

图 3-10　杨黄卷叶螟幼虫

幼虫极活泼,遇惊即弹跳逃跑或吐丝下垂,老熟幼虫在叶卷内结薄茧化蛹。7~8月阴雨连绵年份危害严重,短期内就可以把嫩叶吃光,形成"秃梢"。

【防治技术】

成虫、幼虫(4~10月):①根据成虫趋光性强的特点,在成虫羽化期利用黑光灯诱杀,也可以设置蜜源集中杀死。②低龄幼虫期可喷洒药剂防治,喷药重点为嫩梢部位。采用 BT 乳剂 500 倍液,或森得保可湿性粉剂 1 200 倍液,25%灭幼脲Ⅲ号 1 500~2 000 倍液,或3%苯氧威乳油 2 000 倍液等均有良好的防治效果。

越冬幼虫(11月到翌年3月):结合抚育管理,及时清除落叶,杀死越冬幼虫。

十三、桃蛀螟

【学名】　*Dichocrocis punctiferalis* Guenée。

【别名】　桃蛀心虫、桃蛀野螟等。

【分类】　属鳞翅目螟蛾科。

【寄主】　危害桃、杏、李、苹果、葡萄、山楂、柿、樱桃、枣、核桃、石榴、枇杷、银杏及向日葵、玉米、高粱、大豆等农林植物;河南主要寄主是桃、苹果、杏、枣、柿、梨、核桃等。

【分布与危害】 分布于内蒙古、黑龙江、辽宁、河北、山西、山东、河南、陕西等地,以河北、长江流域以南的桃树受害最重。主要以幼虫蛀食桃、李果实,受害果多变色脱落或果内充满虫粪而不能食用,对产量和品质的影响较大。

【形态特征】

成虫:体长 12 mm,翅展 22~25 mm,黄色至橙黄色,体背和前后翅散生大小不一的黑点,形似豹纹雄蛾腹部末端有黑色毛丝,雌蛾腹部末端圆锥形。

幼虫:体色多变,老熟时灰褐色或暗红褐色,前胸背板褐色,腹被面各节有毛片 4 个(见图 3-11)。

卵:椭圆形,表面粗糙,布细微圆点,初乳白色,渐变为橘黄、红褐色[见图 3-11(b)]。

蛹:长 13 mm,初淡黄绿色,后变为褐色,臀棘细长,末端有曲刺6 根。

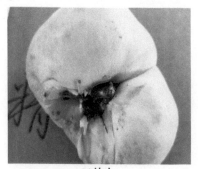

(a)幼虫　　　　　　　　　　(b)成虫

图 3-11　桃蛀螟

【生物学特性】

河南一年发生 4 代,以老熟幼虫在树皮缝隙、僵果、枯枝落叶、玉米、向日葵、蓖麻等残株内结茧越冬。越冬幼虫于 4 月初化蛹,4 月下旬进入化蛹盛期,4 月底至 5 月下旬羽化,越冬代成虫把卵产在桃树上,随后孵化出第一代幼虫,第一代幼虫主要危害苹果、桃、李果实。7

月上旬第一代蛹进入羽化盛期,第二代卵盛期跟着出现,7月中旬进入第二代幼虫危害盛期,继续危害桃、李等的果实,部分转移到玉米、向日葵上危害。其他代主要危害高粱、玉米、向日葵等农作物。

【防治技术】

成虫、卵、幼虫(5~9月):①幼虫发生期,摘除虫果、捡拾落果。虫果和落果应集中沤肥,消灭果实内的幼虫。②在产卵高峰期和幼虫初孵期,采用苏云金杆菌30亿~45亿 TU/hm²、3%高效氯氰菊酯2 000~3 000倍液进行喷雾防治。每隔7 d喷一次,连续喷洒两次。③成虫期,设置频振式杀虫灯或糖醋液(糖5 g、酒5 mL、醋20 mL、水80 mL、90%晶体敌百虫1 g)诱杀成虫。

越冬幼虫(10~12月):秋季采果前,在树干绑草把诱集越冬幼虫,早春集中烧毁。

越冬幼虫(1~4月):刮除苹果、梨、桃等果树翘皮、集中烧毁,减少虫源。清除玉米、向日葵等寄主植物的残体。

十四、杨二尾舟蛾

【学名】　*Cerura menciana*（Moore）。

【分类】　属鳞翅目舟蛾科。

【寄主】　主要为害杨树与柳树,滑县主要危害杨树。

【分布与危害】　杨二尾舟蛾在我国东北、华北、华东及长江流域均有分布。河南全省均有分布。

以幼虫取食树木叶片为害,老熟幼虫在树干处分泌黏物,将咬碎的树皮黏合成椭圆形硬茧壳。严重时常把树叶吃光,影响植株生长。

【形态特征】

成虫:体长28~30 mm,翅展75~80 mm,头胸部灰白带有紫褐色,胸背部有6个黑点排成2列,翅基片有2黑点。前翅灰白微带紫褐色,翅面上约有10条波状黑纵线,后翅颜色较淡,翅上有1个黑斑,翅脉黑褐色,横脉纹黑色。

卵:圆馒头状,红褐色,中央有1黑点。

幼虫:老熟幼虫体长一般为50 mm,最长可达53 mm。头呈正方形,深褐色,两颊具黑斑。体叶绿色。前胸背板大而坚硬,后面有1个紫红色三角形斑纹,臀足特化成向后延伸的尾角,有翻缩腺自由伸出及缩进,容易与其他虫种区别。

蛹:椭圆形,灰黑色,体坚硬结实,紧贴枝、干的茧中。

【生物学特性】

该虫在河南1年发生3代,世代重叠,以蛹在树干近基部的茧内越冬。翌年3月下旬开始羽化产卵,5月上旬第一代幼虫开始出现,6月中、下旬第一代成虫出现,7月下旬到8月中旬第二代成虫出现,第三代幼虫危害到9月,直到老熟结茧化蛹越冬。

成虫有趋光性,多在16时开始羽化,18时羽化量最大,在羽化的当晚进行交配,多数交配1次,卵多产于叶片上,多单粒或2粒。幼虫历期为1月左右。幼虫受惊后,尾部翻出臀足,并不断摇动,以示警戒。幼虫共5龄,4龄为暴食期,5龄食叶量增大,约占80%。老熟幼虫于枝干分叉处或树干啃咬树皮、木屑,吐丝粘连在被啃凹陷处结茧,茧色与树皮色相近,质地坚硬。

【防治技术】

成虫(4~8月):杨二尾舟蛾成虫具有较强的趋光性,可灯光诱杀成虫。

幼虫期(4~8月):在3龄期前喷洒BT乳剂500倍液,或青虫菌6号悬浮剂1 000倍液,或25%灭幼脲悬浮剂1 500倍液,或0.2%阿维菌素2 000~3 000倍液等。

蛹(10月至翌年3月):结合冬春树木管理,人工在树干部用木槌砸茧。在根际周围挖土灭越冬蛹。

十五、黄杨绢野螟

【学名】 *Diaphania perspectalis*(Walker)。

【别名】 黄杨野螟。

【分类】 鳞翅目螟蛾科。

【寄主】 危害冬青、黄杨、卫矛等。

【分布与危害】 国内主要分布于北京、陕西、河北、河南、山东、江苏、浙江等地。河南有分布。

主要危害黄杨科植物,如瓜子黄杨、大叶黄杨、雀舌黄杨、小叶黄杨以及冬青、卫矛等植物。幼虫常吐丝缀合叶片,于其内取食,危害嫩芽和叶片,初期呈黄色枯斑,后至整叶脱落,暴发时可将叶片吃光,造成黄杨整株枯死,影响景观。

【形态特征】

成虫:体长14~19 mm,翅展33~45 mm;头部暗褐色,触角褐色;胸、腹部浅褐色,胸部有棕色鳞片,腹部末端深褐色;翅白色半透明,有紫色闪光,前翅前缘褐色,中室内有两个白点,一个细小,另一个弯曲成新月形,外缘与后缘均有一褐色带,后翅外缘边缘黑褐色。雄蛾腹部末端有黑褐色毛丛。

卵:扁平,椭圆形,长0.8~1.2 mm,初产时黄绿色,不易被发现,孵化前呈淡褐色。

幼虫:初孵时乳白色,老熟时头部黑褐色,胴部浓绿色,表面有具光泽的毛瘤及稀疏毛刺,前胸背面具较大黑斑,三角形,2块;背线绿色,亚被线及气门上线黑褐色,气门线淡黄绿色,基线及腹线淡青灰色;胸足深黄色,腹足淡黄绿色。

蛹:纺锤形,棕褐色,长24~26 mm,宽6~8 mm;腹部尾端有臀棘6枚,以丝缀叶成茧。

【生物学特性】

一年发生3~4代,世代重叠,以幼虫在叶苞内结茧越冬,翌年4月上旬越冬幼虫开始活动,5月中旬为盛期,5月下旬开始在缀叶中化蛹,蛹期10 d左右。成虫羽化次日交配,交配后第二天产卵,卵期7 d左右。卵成块状产于寄主植物叶背。每雌成虫产卵103~214粒。幼虫1、2龄取食叶肉,3龄后吐丝将叶片、嫩枝缀连成巢,在其中取食,使叶片呈缺刻状。4龄后进入暴食期。成虫白天隐藏,傍晚活动,飞翔力弱,趋光性不强。

【防治技术】　参照杨黄卷叶螟的防治技术。

十六、黄刺蛾

【学名】　*Cnidocampa flavescens*(Walker)。

【别名】　洋辣子、刺毛虫、八角罐、毒毛虫。

【分类】 属鳞翅目刺蛾科。

【寄主】 危害核桃、山楂、苹果、石榴、樱桃、海棠、枣、梨、李、柿、杨树、柳树、榆树等 120 多种林木。

【分布与危害】 全国各地均有分布。主要以幼虫取食叶片为害，发生严重时，可将树木叶片吃光，影响树木生长和果品产量。

【形态特征】

成虫:雌蛾体长 13~16 mm，翅展 30~34 mm。虫体肥胖、短粗，头部小。头和胸部黄色，腹背黄褐色，触角丝状。前翅内半部黄色，外半部褐色，有 2 条暗褐色斜线会合成倒"V"字形，中室部分有一个黄褐色圆点。后翅灰黄色。

幼虫:体肥胖，黄绿色，前胸膨大，前胸背部及臀部有一条宽大而相连的紫褐色大斑，边缘常带蓝色，腹部除第一节外，每个体节上有 4 个横列肉质突起，每个突起上生刺毛和毒刺[见图 3-12(a)]。

蛹:长约 12 mm，椭圆形，黄褐色。

茧:椭圆形，石灰质，坚硬，黑褐色，有灰白色不规则纵条纹，极似雀卵，与蓖麻子无论大小、颜色、纹路几乎一模一样[见图 3-12(b)]。

(a)幼虫   (b)成虫

图 3-12 黄刺蛾

【生物学特性】

河南一年发生 2 代，以老熟幼虫在小枝杈、主侧枝以及树干的粗皮上结茧越冬。翌年 5 月上旬化蛹，5 月下旬至 6 月下旬出现越冬代成虫,有趋光性。产卵于叶背面,常十几粒或几十粒集中成块。卵期 7 d 左右。初孵幼虫常取食卵壳,然后多群集于叶背取食下表皮和叶肉,残留表皮。4 龄后分散危害,取食叶片形成孔洞;5、6 龄幼虫能将全叶吃光仅留叶脉。幼虫毒刺可分泌毒液,被毒刺刺中部位产生红肿,疼痛难忍。7 月上旬为第一代幼虫危害盛期,8 月上、中旬为第二代幼虫危害盛期。8 月下旬至 9 月幼虫陆续成熟,在树木上结茧越冬。

【防治技术】

成虫、卵期、幼虫(5~8 月):大部分刺蛾成虫都具有较强的趋光性。因此,在刺蛾成虫羽化期,于每天 19:00~21:00 可设置黑光灯诱杀成虫。人工摘除卵块和捕杀低龄群集幼虫。喷洒 BT 乳剂 500 倍液,或 20%除虫脲 1 000 倍液,或 25%灭幼脲悬浮剂 2 500 倍液等。

越冬茧老熟幼虫(9 月至翌年 4 月):结合冬季整枝修剪,剪掉虫茧,放入孔径 3~5 mm 的网纱中,置于林地,使害虫天敌羽化外出,有效减少来年虫口密度。

十七、扁刺蛾

【学名】 *Thosea sinensis*(Walker)。

【别名】 杨黑点刺蛾、辣子。

【分类】 属鳞翅目刺蛾科。

【寄主】 寄主为杨树、梧桐、悬铃木、核桃、桑树、杏、柿、苹果、石榴、大叶黄杨等近百种植物。

【分布与危害】 国内分布在北京、吉林、辽宁、山东、河北、天津、河南、陕西、安徽、江苏、浙江等地。

扁刺蛾以幼虫取食叶片为害,稍大食成缺刻和孔洞,发生严重时仅留叶柄或主脉,影响树势和观赏。

【形态特征】

成虫:体灰褐色,腹面及足颜色较深。雌蛾体长 13~18 mm,翅展 28~35 mm;雄蛾体长 10~16 mm,翅展 26~31 mm。前翅灰褐色,2/3 处有一褪色横带,后翅颜色淡。前后翅的外缘有刚毛。

卵:卵椭圆形,扁平,初产时淡黄绿色,孵化前呈灰褐色。

幼虫:老熟幼虫体长 20~27 mm,扁平椭圆形,绿色,背中央有白色纵线 1 条(见图 3-13)。背侧各节枝刺不发达,上着生多数刺毛。腹部各节背侧与腹侧间具 1 条白色斜线,基部各有红色斑点一对,体背中央两侧的 2 个红点较为明显。

蛹:近似纺锤形;初化时乳白色,羽化前转褪色。

茧:近圆球形,黑褐色。

图 3-13　扁刺蛾幼虫

【生物学特性】

在北方地区一年发生 1 代,以老熟幼虫在寄主树干周围土层内结茧化蛹越冬。一般 5 月中旬开始化蛹,6 月上旬羽化、产卵,发生期不整齐,6 月中旬至 9 月上中旬幼虫发生危害。8 月危害最重,8 月下旬开始陆续老熟入土结茧越冬。

成虫具有很强的趋光性,成虫羽化多于黄昏进行;卵散产于叶片上,且多产于叶背面,卵期为 6~8 d。幼虫共 8 个龄期,初孵幼虫不取食,2 龄幼虫啮食卵壳和叶肉,4 龄以后逐渐咬穿表皮,6 龄起自叶缘蚕食叶片。老熟幼虫下树入土结茧多在 20 时至次日 6 时。距离树干近的地方,茧的数量多而且比较集中,距离树干远的地方茧的数量少而且比较分散。

【防治技术】　参照黄刺蛾的防治技术要点。

十八、柳蓝叶甲

【学名】　*Plagiodera versicolora*(Laicharting)。

【别名】　柳蓝金花虫。

【分类】　属鞘翅目叶甲科。

【寄主】　主要为害柳树、杨树、泡桐、夹竹桃等,河南主要危害柳树。

【分布与危害】　分布于河南、黑龙江、吉林、辽宁、内蒙古、甘肃、宁夏、河北、山西、陕西、山东、江苏等地。河南全省均有分布。

主要以幼虫啃食叶肉,导致叶片成灰白色网状,成虫危害叶片,致叶片缺刻,严重时将叶片吃光;潮湿时成虫粪便黏附在叶片上。

【形态特征】

成虫:体长 3.5~5 mm,全体深蓝色,具金属光泽,有时带绿光。触角第 1~6 节较细,褐色,第 7~11 节较粗,深褐色。前胸前缘明显凹进。小盾片黑色、光滑。鞘翅肩溜突显。瘤后外侧有一清楚的纵沟。体腹面色较深、具光泽(见图 3-14)。

图 3-14　柳蓝叶甲成虫

卵:长约 0.7 mm,椭圆形,很像瓢虫的卵。初产时橙黄色,孵化时橘红色。

幼虫:老熟幼虫体长约 7 mm,灰褐色,全身有黑褐色凸起状物,胸部宽,体背每节具 4 个黑斑,两侧具乳突,黑色,每体节上生长有一定数量的肉质毛瘤,腹末具黄色吸盘。

蛹:体长约 4 mm,椭圆形,黄褐色,腹部背面有 4 列黑斑。

【生物学特性】

柳蓝叶甲在河南 1 年发生 4~5 代,以成虫在落叶、杂草或土中越冬。第一代虫态较为整齐,但从第二代起世代重叠发生,翌年4月柳树开始发芽时,越冬成虫开始活动,不断取食幼嫩叶片和幼芽补充营养,部分成虫开始产卵。第一代幼虫4月下旬出现,初孵幼虫多群集剥食叶肉,致被害处灰白色,半透明状。大龄幼虫分散危害,可直接蚕食幼嫩叶片和幼芽,老熟幼虫附于叶片化蛹,蛹期3~5 d。盛发期为每年7月下旬到8月中旬,直到10月下旬成虫进入越冬。此虫发生极不整齐,从春季到秋季都可见到成虫和幼虫活动。苗圃2年生苗木受害最重,换茬1年生苗受害最轻。林内1~2年萌生条受害最重,易在柳树较多、集中的地方大量发生。

【防治方法】

卵期、成虫、幼虫(4~9月):利用成虫具假死性,于早晨气温较低时,振落捕杀;在成虫下树越冬和翌年成虫上树前,用溴氰菊酯制成毒笔(拟除虫菊酯:水:石膏粉:滑石粉 = 1:2:42:40.5)、毒绳等涂扎于树干基部,以阻杀爬经毒环、毒绳的成虫。

幼虫初上树期,喷洒1.2%烟碱·苦参碱乳油1 000倍液,或10%吡虫啉可湿性粉剂2 000倍液;在郁闭度较大林分可施用杀虫烟雾剂。用氧化乐果乳油、吡虫啉等内吸杀虫药剂在树干基部打孔注药,每胸径1 cm注入药液1~1.5 mL,一般打孔的深度为3~4 cm。

越冬成虫(10月至翌年3月):成虫越冬前,应及时清除苗圃地落叶、杂草,减少其越冬场所;在老熟幼虫下树化蛹越冬期间,可在化蛹场所如树冠下土壤进行翻耕、松土,可有效减少蛹的数量。

十九、杨扁角叶蜂

【学名】 *Stauronematus compressicornis* (Fabricius)。

【分类】 属膜翅目叶蜂科。

【寄主】 主要是杨树。

【分布与危害】 国内分布于新疆(天山西部伊犁地区)、河南和山东等地,河南有分布。

主要以幼虫取食叶片,1、2龄幼虫群集取食,被害部呈针尖状小圆孔,3龄以后食量大增,分散危害,常将大片叶肉吃光,仅残留叶脉,呈不规则的缺口。幼虫取食时分泌白色泡沫状液体,凝固成蜡丝,蜡丝长约 3 mm,蜡丝留于食痕周围,形似栏杆。

【形态特征】

成虫:雄虫体长 5 mm 左右, 翅展约 11 mm;雌虫体长约 8 mm,翅展 13 mm 左右。虫体黑褐色, 有金属光泽,披稀疏的白色短绒毛。触角 9 节,黑褐色,被较密的黑色短绒毛,第 1、2 节的总长约为第 3 节的 1/4,第 3~8 节端部横向加宽似一直角,基部一侧向内收缩,中胸背板有一褐色斑。翅透明,翅痣黑褐色,翅脉淡褐色。前足基节基部,前、中足跗节端部,后足胫节端部、跗节均为褐色,其余为黄色。

卵:椭圆形,乳白色,表面光滑。

幼虫:共 5 龄,老熟幼虫体长 9~11 mm。初孵幼虫乳白色,渐变为鲜绿色,头部黑色,头顶绿色,胸足黄绿色。各足基部具有两个褐色斑点,第 7、8 腹节稍向上隆起,末端节向下弯曲,呈"S"形(见图 3-15)。

图 3-15　杨扁角叶爪叶蜂幼虫

蛹:开始为绿色,之后逐渐转变为褐色,口器、足、触角、翅均为乳白色。雌茧长约 7.5 mm;雄茧长约 5 mm。

【生物学特性】

一年发生 7~8 代,每年 3 月中、下旬化蛹,4 月中旬成虫羽化,第一代成虫 5 月中旬羽化,6 月发生第二、三代成虫,7 月发生第四、五代成虫,8 月发生第六代成虫,9 月发生第七代成虫。成虫羽化后第二天即产卵。10 月中、下旬老熟幼虫下树入土,在表土层结褐色丝茧越冬。以老熟幼虫在浅层(2~4 cm)土壤内结茧越冬。

成虫多在午后羽化出土,羽化率为 90%,雌雄性比 1:3。成虫爬行上树,飞到枝叶上,受惊动落地后,多数腹面朝上,并发出"吱吱"声,一旦翻身,即展翅飞逃。每头雌虫平均产卵27粒,最多42粒,卵产于叶背面主脉两侧皮层下,每处1~2粒。卵经3~5 d后孵化出幼虫,孵化率平均达90%。第3~5代有孤雌生殖现象。幼虫每个龄期多为1~2 d,共5龄。幼虫有假死性,受惊时向叶背面转移,腹部不断左右摆动。老熟幼虫沿枝干爬行到地表化蛹。

【防治技术】

可参照杨小舟蛾防治技术。

二十、柳瘿叶蜂

【学名】 *Pontania bridgmannii*（Cameron）。

【分类】 属膜翅目叶蜂科。

【寄主】 主要是垂柳、旱柳、龙爪柳等柳树,在河南主要危害垂柳。

【分布与危害】 国内分布于辽宁、吉林、内蒙古、陕西、山东、河北、四川、天津、北京等地。近年在河南有危害。

【柳瘿叶蜂危害】

幼虫孵化后就地啃食叶肉,受害部位逐渐肿起,最后形成虫瘿。虫瘿近似椭圆形或肾脏形,无毛,由绿色渐变为红褐色。主要集中在寄主植物中下部位,越往树的下部虫瘿越多,严重时连成串。带虫瘿叶片易变黄提早落叶,影响植株生长。

【形态特征】

成虫:体土黄色,有黑色斑纹,翅脉多为黑色。雌性体长5~8 mm,翅展13~17 mm。雄性尚未发现。

卵:椭圆形,初产时乳白色,后变棕色。

幼虫:体长6~14 mm,黄白色,圆柱形,稍弯曲,头金黄色,体表光滑有背皱(见图3-16)。胸足3对,腹足8对。

蛹:黄白色,长约4 mm,外被褐色丝质茧,茧长椭圆形。

【生物学特性】

一年1代,秋后幼虫随落叶或脱离虫瘿入地结薄茧越冬。翌年4月上、中旬羽化,羽化后即可进行孤雌生殖。产卵于叶片边缘的组织

图3-16　柳瘿叶蜂幼虫

内,每处产卵1粒,卵期约8 d。幼虫孵化后在叶片的上下表皮之间取食叶肉。4月中旬末受害部位逐渐肿起,同时叶片边缘出现红褐色小虫瘿。幼虫有6~7龄,在瘿内一直危害到11月初,随落叶落在地上,从瘿内爬出钻入土中作茧越冬。

【防治方法】

卵期、成虫(4月):在4~5月,叶片边缘出现红褐色小虫瘿时用40%菊马合剂2 000倍液、20%毒死蜱乳油1 000倍液树冠喷雾,田间校正防效均能达到95%以上。

幼虫期(5~11月):①结合修剪,人工摘除带虫瘿叶片,或秋后清除处理落地虫瘿,并烧毁,有利于保护天敌。②在幼虫脱壳入土期,以树干为中心铺设塑料薄膜,薄膜铺设要大于树冠垂直幅度,并在薄膜四周涂抹黄油,防止脱壳老熟幼虫爬出,塑料薄膜周边用土压实。

第二节　刺吸式害虫

一、草履蚧

【学名】 *Drosicha corpulenta*（Kuwana）。

【别名】 草鞋蚧、桑虱、日本履棉蚧。

【分类】 属同翅目绵蚧科。

【寄主】 寄主植物非常广泛,杂食性,危害杨树、刺槐、核桃、枣、柿、梨、苹果、桑、桃、海棠、樱花、无花果、紫薇、月季、红枫、柑橘等多种植物,河南主要危害杨树、泡桐、苹果、海棠、复叶槭等。

【分布与危害】 国内分布于北京、辽宁、河北、河南、山西、山东、陕西等大多数省份。

刺吸式口器,若虫、雌成虫常聚集在芽腋、嫩梢、叶片和枝干上,吮吸汁液,造成植株发芽推迟、枝梢枯萎,使植株生长不良,受害严重时造成树木死亡。

【形态特征】

成虫:雌成虫体长约 10 mm,扁平椭圆,似草鞋(见图 3-17);腹部有横皱褶和纵沟;体淡灰紫色,周边淡黄色,背略突起肥大,腹扁平;触角 8 节,节上多粗刚毛,足黑色,粗大;体被有白色蜡质粉和微毛。雄成虫,长 5~6 mm,体紫红色,翅展 9~11 mm。复眼较突出,翅淡黑色,半透明,翅脉 2 条,后翅小,仅有三角形翅茎;触角黑色,丝状,10 节,除第节 1 节和第 2 节外,通常各节环生 3 圈细长毛,似羽毛状;腹部末端有 4 根树根状突起,翅 1 对,淡黑色,前缘略红,翅上有两条白色条纹,停落时两翅呈"八"字形。

(a)若虫

(b)成虫

图 3-17　草履蚧

卵:初产时黄白色,渐呈黄赤色,产于卵囊内,卵囊有白色絮状蜡丝粘裹,长椭圆形,囊内有卵数十至百余粒。

若虫:初孵化时棕黑色,腹面较淡,触角棕灰色,唯第三节淡黄色,比较明显,除体型比雌成虫稍小、颜色较深外,其他皆相似。

蛹:仅雄虫有,圆筒形,褐色,长约5 mm,外被白色绵状物。

【生物学特性】　在河南一年发生1代,主要以卵在卵囊内于树下土中、石缝、砖头瓦块下等处越夏、越冬。越冬卵翌年2月上旬到3月上旬开始孵化,1龄若虫仍停留在卵囊里,随着气温升高,若虫开始出土爬行上树。2月中旬后,陆续出土上树,初龄若虫行动迟缓,喜在树洞或树杈等处隐蔽群居,10时至14时在树干的向阳面活动,沿树干爬至嫩梢、幼芽等处取食。2月底左右达盛期,3月中旬基本结束,4～5月危害加重。

1龄若虫末期,虫体分泌大量白色蜡粉,经第二次蜕皮后变为雌成虫,第二次蜕皮后的雌若虫继续取食危害;经第3代蜕皮,性成熟交配。雄若虫第二次蜕皮后,于5月上旬化蛹,蛹期10 d左右,5月中旬羽化为雄成虫,寻找雌虫交配。交配后的雄成虫很快死亡,雌成虫在5月下旬钻入树干周围石块下、土缝等处产卵,产卵后雌虫体逐渐干瘪死亡,以卵越夏、越冬。

【防治方法】

若虫:先将树干基部老树皮刮平,然后缠30 cm的胶带或捆绑塑料薄膜阻止若虫上树,然后集中扑杀若虫。捆绑塑料薄膜要紧绑下部,上部开口呈喇叭状。同时在若虫上树前,于树干基部离地1 m处涂"拦虫虎"阻止若虫上树。涂抹宽度约20 cm,每10 d涂抹一次,连续涂抹3次即可。还可在若虫上树后,用5%吡虫啉乳油2 000～3 000倍液、20%杀灭乳油1 000～4 000倍液喷雾,毒杀若虫。

成虫期:人工消灭越冬虫源,于5月上旬雌成虫下树时期,在树干基部周围挖环状沟,沟里放置杂草诱集雌成虫产卵,然后将杂草清理烧毁;或采用40%乐果乳油原液涂抹树干;或用聚酯类农药3 000～4 000倍液均匀喷洒树体和地面。

卵期:夏季和冬季,结合翻树盘,积极发动群众对草履蚧发生地块翻土晒卵和冻卵,降低虫口基数。

二、枣龟蜡蚧

【学名】 *Ceroplastes japonicas*(Guaind) 。

【别名】 日本龟蜡蚧、龟蜡蚧。

【分类】 属同翅目蜡蚧科。

【寄主】 主要危害法桐、黄杨、杨树、红叶李、海棠、苹果、枣、梨、石榴、夹竹桃等果树和观赏林木,河南主要寄主为苹果和杨树。

【分布与危害】 在我国河北、河南、山东、陕西、福建、广东等多省均有分布,河南全省均有分布。

刺吸式口器,以若虫和雌成虫在叶背上刺吸汁液危害,排泄物能诱发煤污病,导致植株衰弱,严重时枝叶干枯,早期脱落,影响林果花木的观赏和经济价值,见图3-18。

(a)枣龟蜡蚧   (b)若虫危害状

图 3-18　枣龟蜡蚧外形及危害状

【形态特征】

成虫:雌成虫无翅,体长 3~4.5 mm,宽 2~4 mm,椭圆形,背面隆起似半球形,表面具龟甲状凹纹,背覆较厚的白色蜡质蚧壳,内周缘有 8 组小角突。虫体椭圆形,紫红色,触角 6 节,足 3 对,细小。头、胸、腹不明显。雄成虫体长 1.2~1.4 mm,体深褐色或棕色,头和胸部背板较深。眼黑色,触角丝状,10 节,前翅膜质半透明,有 2 条明显脉纹。

卵:椭圆形,长 0.2~0.3 mm,初产时为浅橙黄色,后渐变深,将孵化时为深红色。

若虫:呈扁平的椭圆形,淡红褐色,触角和足发达,触角丝状,足3对细小,腹末有1对长毛。老龄若虫蜡壳与雌成虫相似,蜡壳椭圆形,白色,中部有长椭圆形突起的蜡板1块。

蛹:仅雄虫有蛹,圆锥形,长约1 mm,棕色,翅芽色稍淡。

【生物学特性】

枣龟蜡蚧在河南1年发生1代,以受精的雌成虫在1~2年生枝上越冬。翌年3月中、下旬开始危害,4月上旬虫体开始增大,5月中旬雌虫开始产卵,5月下旬若虫开始孵化,7月中旬雌雄虫开始分化。9月上旬雄虫化蛹、羽化,与雌虫交配后死亡,受精的雌成虫从叶片上逐渐转移到1~2年生枝条上固着为害,至10月开始越冬。

该虫主要两性卵生,同时可以进行孤雌卵生,日均温度25 ℃左右是产卵最适宜温度。初孵若虫在母体下固定约2 d后爬出蜡壳,沿枝条爬到叶面取食汁液,排除大量蜜露,污染枝叶,易招致煤污病。十几天后从背面蜡孔分泌白色蜡质物,逐渐加厚增多,将虫体盖于壳下。雄若虫经蜕皮3次后,开始化蛹羽化,寻找雌虫交尾。雌若虫经3次蜕皮变为成虫,从叶片迁移至1~2年生枝条上固定,交尾受精后越冬。

【防治方法】

若虫(6~8月):全年防治枣龟蜡蚧最佳时期应掌握在1龄若虫分散转移期,可以喷洒10% 吡虫啉,防治效果较好。结合夏剪,剪除带虫枝条。

成虫期(3~5月):早春树液开始流动时,喷洒3~5波美度石硫合剂,或95%机油乳剂80倍液防治枝干上越冬的蚧虫。

卵期(9月至翌年2月):抓住卵未孵化的有利时机,用铁刷子刮刷枝干上雌蚧壳,将刮刷掉的虫体集中烧毁。

三、朝鲜球坚蚧

【学名】 *Didesmococcus koreanus* Borchsenius。

【别名】 球坚蚧、杏球坚蚧、桃球坚蚧、杏毛球蚧。

【分类】 属同翅目蜡蚧科。

【寄主】 主要危害桃、杏、李、苹果、海棠、石榴、樱花、红叶李等多种林木。在河南主要危害杏树、红叶李等。

【分布与危害】 全国各地均有分布。

以若虫、雌成虫刺吸枝干、叶片汁液,其排泄的蜜露常诱致煤污病发生,严重时造成枝干枯萎、树势衰弱,重者枯死。在河南尤其以经济林受害严重。

【形态特征】

成虫:雌成虫近球形,黑褐色,直径 4～5 mm,高 3～5 mm(见图 3-19);前、侧面上部凹入,后面近垂直;初期介壳软,黄褐色,后期硬化,红褐色至黑褐色,表面有极薄的蜡粉,背中线两侧各具 1 纵列不甚规则的小凹点,壳周缘与枝条接触处有白蜡粉。雄成虫体长 1.5～2 mm,翅展 5.5 mm;前翅发达,白色半透明,后翅特化为平衡棒;腹末端有针状交尾器。

图 3-19　朝鲜球坚蚧

卵:椭圆形,附有白蜡粉,初白色,渐变粉红色。

若虫:初孵若虫长椭圆形,扁平,初孵时杏黄色,后变为淡褐色,背面有数十条纵纹,被白色蜡粉,腹末有两条尾丝。

蛹:赤褐色,椭圆形,长约 1.8 mm,腹部末端有一刺状突。茧黄白色,椭圆形,毛玻璃状,稍突起,后背有一条横缝,背面有纵沟 2 条和多数横脊。

【生物学特性】

在河南1年发生1代,以2龄若虫在寄主皮下、裂缝中越冬。翌年4月初活动危害,5月上旬交尾后,雄成虫随即死亡,雌成虫产卵于壳体下,卵期7 d左右,5月下旬至6月上旬为孵化盛期。初孵若虫分散至枝、叶背为害,10月后若虫开始陆续越冬。

【防治方法】

参照枣龟蜡蚧的防治技术。

四、梨圆蚧

【学名】　*Quadraspidiotus pemiciosus*(Comstock)。

【别名】　梨枝圆盾蚧、梨笠圆盾蚧。

【分类】　属盾蚧科笠盾蚧属。

【寄主】　寄主植物危害梨、苹果、枣、桃、核桃、柿、山楂等果树和部分林木;在河南主要危害核桃、梨、桃、苹果树。

【分布与危害】　全国各地均有分布。

以成虫、若虫、仔虫用刺吸式口器固定为害果树枝、干、嫩枝、叶片和果实等部位,喜群集阳面,夏季虫口数量增多时,才蔓延到果实上为害。果实受害后,在虫体周围出现一圈红晕,虫多时呈现一片红色,严重时造成果面龟裂,商品价值下降。红色果实虫体下面的果面不能着色,擦去虫体果面出现许多小斑点。枝干受害后生长发育受到抑制,常引起早期落叶,严重时树木枯死。

【形态特征】

成虫:雌虫蚧壳扁圆锥形,直径1.6~1.8 mm。灰白色或暗灰色,蚧壳表面有轮纹。中心鼓起似中央有尖的扁圆锥体,壳顶黄白色,虫体橙黄色,刺吸口器似丝状,位于腹面中央,腿足均已退化。雄虫体长0.6 mm,有一膜质翅,翅展约1.2 mm,橙黄色,头部略淡,眼暗紫色,触角念珠状,10节,交配器剑状,蚧壳长椭圆形,直径约1.2 mm,常有3条轮纹,壳点偏一端。

若虫:初孵若虫长约0.2 mm,椭圆形,淡黄色,眼、触角、足俱全,能爬行,口针比身体长,弯曲于腹面,腹末有2根长毛,2龄开始分泌蚧壳。眼、触角、足及尾毛均退化消失。3龄雌雄可分开,雌虫蚧壳变圆,雄虫蚧壳变长。

【生物学特性】 在河南1年发生2~3代。以2龄若虫和少数雌成蚧越冬。翌年果树发芽时越冬若虫开始危害。第一代若虫盛期在6月上中旬。成蚧可两性生殖,也可孤雌生殖。成蚧直接产卵于蚧壳下。若虫出壳后迅速爬行,分散到枝、叶和果实上危害,2~5年生枝条被害较多,若虫爬行一段时间后即固定下来,开始分泌蚧壳。雄成蚧羽化后交尾死亡。雌成蚧继续在原处取食一段时间,同时繁殖后代。

成虫、若虫期:①结合冬季修剪,剪除介壳虫寄生严重的枝条,集中烧毁。②果树休眠期喷药,花芽开绽前,喷5度波美石硫合剂、5%柴油乳油或35%煤焦油乳剂,生长季节可喷洒20%杀灭菊酯3 000倍液、20%菊马乳油1 000~2 000倍液。喷有虫枝干1次,此时虫体保护层比较少,药液可直接杀死若虫。危害严重的果园,7 d后再喷洒1次。

五、柿绒粉蚧

【学名】 *Acanthococcus kaki*（Kuwana）。

【别名】 柿树白毡蚧、柿绒粉蚧。

【分类】 属同翅目粉蚧科。

【寄主】 主要危害柿树。

【分布与危害】 全国大部分地区有分布;河南均有分布。

以若虫和雌成虫吸食嫩叶、嫩枝及果实汁液。寄生在叶、枝和果实上,叶片出现多角形黑斑,叶柄变黑,畸形生长和早落,果实无法食用,严重时落果,见图3-20。

【形态特征】

成虫:雌成虫体椭圆形,体长约1.5 mm,宽1.0 mm,体暗紫红色,背有圆锥形刺毛,边刺毛成列,腹部平滑,具长短不等体毛。雌蚧壳长约2.6 mm,宽1.4 mm,灰白色,卵圆形或椭圆形。雄成虫体长1.0~1.2 mm,紫红色,触角细长,翅暗白色,腹末有与体等长的白色蜡丝1对,性刺短。雄蚧壳长约1.1 mm,宽约0.5 mm,白色。

若虫:初鲜红色,后呈紫红色,卵圆形或椭圆形,体侧有成对长短不一的刺状物。

卵:椭圆形,长0.3~0.4 mm,紫红色,被白色蜡粉及蜡丝。卵囊为纯白或暗白色毡状物。若虫椭圆或卵圆形,紫红色,体缘有长短不一的刺状突起。

(a)柿绒粉蚧　　　　　(b)危害状

图3-20　柿绒粉蚧及其危害状

【生物学特性】

河南每年发生3~4代,以被有薄层蜡粉的3~4龄若虫在树皮裂缝、枝条轮痕、叶痕及果柄基部等处越冬。翌年4月中下旬柿子新梢长出4~5片小叶时开始出蛰,5月上旬达到出蛰盛期,第一代若虫6月初开始孵化,6~9月为各代若虫为害盛期,主要为害果实,以第三代为害最重。

【防治方法】

成虫、若虫期:

(1)初冬在树干上喷洒3~5波美度石硫合剂,结合冬剪剪去虫枝,集中烧毁。

(2)各代若虫初孵时可喷洒20%杀灭菊酯3 000倍液、20%菊马乳油1 000~2 000倍液。喷有虫枝干1次,此时虫体保护层比较少,药液可直接杀死若虫。危害严重的果园,7 d后再喷洒1次。

(3)柿绒蚧发生与柿品种有密切关系,以枝繁叶茂、果实大、汁多皮薄的柿树受害较为严重。建园时应注意选择不利柿绒蚧生长的抗虫优良品种,如方柿、大红袍柿等,提高果园柿树抗性。

六、悬铃木方翅网蝽

【学名】　*Corythucha ciliate* Say。

69

【别名】 军配虫。

【分类】 半翅目网蝽科。

【寄主】 主要危害悬铃科植物,也危害构树、山核桃和白蜡,在河南主要寄主为法桐。

【分布与危害】 国内主要分布于西南、华南、华中、华北的大部分地区。

以若虫、成虫群集在叶片背面刺吸叶片汁液,受害叶片正面形成许多近似白色的小斑点,背面出现锈色斑点,降低寄主植物的光合作用,影响树木正常生长,导致树势衰弱。受害严重的,叶片枯黄脱落,景观效果差,还可随风飘动,干扰居民的正常生活。

【形态特征】

成虫:体乳白色,体长 3.2~3.7 mm,在两翅基部隆起处的后方有褐色斑。头兜发达,盔状,头兜突出部分的网格比侧板略大。两翅基部隆起处的后方有褐色斑。头兜、侧背板、中纵脊和前翅表面的网肋上密生小刺,侧背板和前翅外缘的刺列十分明显。前翅显著超过腹部末端,静止时前翅近长方形;足细长,腿节不加粗;后胸臭腺孔远离侧板外缘。

卵:乳白色,长椭圆形,顶部有褐色椭圆形卵盖。初产时黄白色,随后逐渐呈黄赤色,光滑,产于白色绵状物的卵囊内,每个卵囊有卵数十粒到百余粒。

若虫:共 5 龄,形象成虫,但无翅(见图 3-21)。

【生物学特性】

每年发生 4~5 代,以第五代成虫在树皮缝、枯枝落叶下等隐藏越冬。4 月初开始活动,1 周后产卵并一直持续到 6 月,雌虫产卵时先用口针刺吸叶背主脉或侧脉,伸出产卵器插入刺吸点产卵,产完卵后分泌褐色黏液覆在卵盖上,卵盖外露。第一代历期 70 d 左右,第二代以后世代重叠严重,一直危害至 10 月底,当气温低于 10 ℃时开始越冬。该虫繁殖能力强,较耐寒,最低存活温度为-12 ℃时,可借助风力或成虫的飞翔做近距离传播,而最远飞行距离可达 20 km。

【防治技术】

卵、若虫(4~5 月):在卵孵化高峰期,用高压水枪驱逐若虫。

图 3-21　悬铃木方翅网蝽若虫

成虫、若虫(6~10月)：以内吸性和触杀性药剂为主,如用10%啶虫脒1 000倍液、25%噻虫嗪1 500倍液、40%氧化乐果乳油1 000倍液等。在初龄若虫期开始喷药,隔10 d喷1次,共喷3次。

成虫(11月至翌年3月)：刮除粗皮裂缝,并及时收集落叶销毁,能减少越冬成虫的数量,降低虫口密度。

七、斑衣蜡蝉

【学名】　*Lycorma delicatula*。

【别名】　红娘子、花姑娘、椿蹦、花蹦蹦、斑蜡蝉。

【分类】　属同翅目蜡蝉科。

【寄主】　主要危害臭椿、香椿、千头椿、刺槐、杨树、柳树、榆树、合欢、海棠、桃、杏、李、葡萄、石榴等。在河南主要寄主为臭椿、千头椿。

【分布与危害】　全国各地均有分布。

刺吸式口器,主要以若虫、成虫群集在叶背、树干、嫩梢上刺吸汁液危害,容易诱发植株煤污病或嫩梢萎缩、畸形等,影响光合作用,抑制植株的生长和发育,从而削弱树势。斑衣蜡蝉自身有毒,会喷出酸性液体,若不小心接触到会出现红肿,起小疙瘩。

【形态特征】

成虫：头小,前翅长卵形,前翅革质,基部约2/3为淡褐色,翅面具有10~20个黑点;端部约1/3为深褐色,脉纹白色;后翅扇形,膜质,基部一半鲜红色,具有 7~8 个黑斑;端部黑色。体翅表面附有白色蜡粉。头角向上卷起,呈短角突起。翅膀颜色偏蓝色为雄性,翅膀颜色偏米色为雌性。

卵:长圆柱形,长 3 mm,宽 2 mm,状似麦粒,背面两侧有凹入线,使中部形成 1 长条隆起,隆起的前半部有长卵形的盖。卵粒平行排列成卵块,上覆 1 层灰色土状分泌物。

若虫:体形似成虫,体扁平,头尖长,初孵化时白色,不久即变为黑色。体有许多小白斑,1~3 龄为黑色斑点,4 龄体背呈红色,具有黑白相间的斑点;体侧具有明显的翅芽(见图 3-22)。

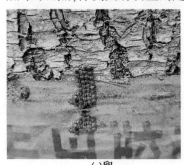
(a)卵

(b)若虫

(c)成虫

图 3-22　斑衣蜡蝉

【生物学特性】

一年发生1代。以卵在树干枝蔓分权处越冬。翌年4~5月陆续孵化,5月上旬为孵化盛期;若虫历期约60 d,6月中、下旬至7月上旬羽化为成虫,8月中旬开始交尾产卵,卵多产在树干的南边,或树枝分权处。一般每块卵有40~50粒,多时可达百余粒,卵块排列整齐,覆盖白蜡粉。成虫寿命长达4个月,危害至10月下旬陆续死亡。成虫、若虫均具有群栖性,飞翔力较弱,但善于跳跃,稍有惊动即跳离。

【防治技术】

越冬卵(11月至翌年3月):结合冬季修剪,人工刮除虫卵,集中烧毁或深埋。或用37%万虫清乳油800倍液进行喷雾防治。

若虫(4~5月):若虫初孵化时,龄期小,抗药性不强,是防治的最佳时期。可用1.2%苦参碱·烟碱乳油1 000倍液、5%吡虫啉乳油3 000~4 000倍液、5%啶虫脒乳油5 000~6 000倍液进行喷雾防治。

成虫(6~10月):可用1.2%苦参碱·烟碱乳油1 000倍液、5%吡虫啉乳油3 000~4 000倍液、5%啶虫脒乳油5 000~6 000倍液进行喷雾防治。10~15 d喷雾1次,连续喷2~3次。

八、桃粉大尾蚜

【学名】　*Hyalopterus Pruni* Geoffroy。

【别名】　桃大尾蚜、桃装粉蚜、桃粉绿蚜、桃粉蚜。

【分类】　属同翅目蚜科大尾蚜属。

【寄主】　寄主植物有杏、梅、桃、李、芦苇、榆叶梅等。

【分布与危害】　中国南北果区均有分布。

成虫、若虫群集于新梢和嫩叶背面吸汁为害,被害叶片失绿并向叶背对合纵卷,叶背面分布有白色蜡状的分泌物(为蜜露),常引起煤污病发生,严重时使枝叶呈暗黑色,影响植株生长和观赏价值。

【形态特征】

成虫:体长2.3 mm,宽1.1 mm,长椭圆形,绿色,被覆白粉,腹管细圆筒形,尾片长圆锥形,上有长曲毛5~6根。

若虫:若蚜体小,绿色,与无翅胎生雌蚜相似,被白粉。有翅若蚜胸部发达,有翅芽。

卵:椭圆形,长约 0.7 mm,初产黄绿色,后变灰黑色。如图 3-23 所示。

图 3-23 桃粉大尾蚜

【生物学特性】 在河南一年发生 10 余代。以卵在桃树等冬寄主的芽腋处和枝条缝隙处越冬;3 月花芽萌动时,越冬卵孵化,初期群集于嫩梢、叶背上危害繁殖;5~6 月繁殖最盛,危害最重,并产生大量的有翅胎生雌蚜迁飞到夏寄主禾本科植物上危害繁殖;10~11 月产生有翅蚜返回果树上危害,并产生有性蚜,交尾,产卵,越冬。

【防治技术】

成虫、若虫期:

(1)清除周围杂草,切断其中间寄主。

(2)危害盛期,及时进行喷药防治。药剂可用溴氰菊酯 1 000~1 500 倍液,或 50%抗蚜威可湿性粉剂 2 000 倍液,或 50%灭蚜松可湿性粉剂 2 000 倍液,或 2.5%天王星乳油 3 000~4 000 倍液等,或 4%氧化乐果乳剂。

(3)注意保护瓢虫、草蛉、食蚜蝇等天敌,并引迁天敌。

卵期:人工刮除粗糙的树皮,消灭越冬卵;在早春花木发芽前用清水冲洗枝干和芽部,把越冬卵冲刷掉;寄主发芽前可喷洒 5% 柴油乳剂,或 5 波美度度石硫合剂,杀死越冬卵。

九、白杨毛蚜

【学名】　*Chaitophorus populati*(Panzer)。

【别名】　白毛蚜。

【分类】　属同翅目蚜科毛蚜属。

【寄主】　主要寄主有毛白杨、107 杨、108 杨、河北杨、北京杨、小叶杨及柳树等;在河南主要危害毛白杨、107 杨、108 杨等植物。

【分布与危害】　国内分布于北京、河南、宁夏、山西等地。

主要以成虫、若虫群集枝条、嫩芽、嫩枝梢、叶柄、叶面吸食汁液。受害叶片较正常叶片干硬,并排出大量黏液,布满树枝和叶片,诱发煤污病,引起早期落叶。

【形态特征】

成虫:有翅蚜绿色,头部黑褐色,复眼赤褐色,喙浅绿色,其端部色较深,翅痣灰褐色,翅脉粗黑;前胸背面中央有一黑色横带,中、后胸黑色。腹部背面有 6 条黑色横带,触角长 1.8 mm,毛短;尾片翘状,有长曲毛 9~11 根 。无翅蚜绿色;体长 1.9 mm,宽 0.86 mm,椭圆形;腹背面中央有深绿色"U"形斑;触角长约 1.0 mm,触角毛粗长,顶端分叉,喙达中足基节;腹管截断状,长约 0.08 mm;尾片瘤状,中部收缩,有长曲毛 8~11 根。

若蚜:初产幼蚜白色,以后体色逐渐变深为绿色,老熟时腹部背面出现斑纹。

卵:灰黑色,长圆形。如图 3-24 所示。

【生物学特性】　河南一年发生 20 代左右,以卵在当年生枝条上、芽腋等处越冬,翌年 3 月中旬在杨树等树叶芽萌发时,越冬卵开始孵化,3 月下旬为孵化盛期,4 月上旬孵化结束,4 月中下旬大量有翅胎生蚜开始大量繁殖、扩散危害,尤其是叶背面受害严重。6 月后易诱发煤污病。危害到 9~10 月产卵越冬。

4~5 月和 8 月出现 2 次危害高峰。其发生与湿度关系密切,干旱

图 3-24　白杨毛蚜

年份危害重,多雨年份危害轻。滑县春季干旱,易造成白杨毛蚜春季危害较重。

【防治技术】

成蚜、若蚜期(4~5月):①在发生期,特别是4月份,喷洒10%吡虫啉可湿性粉剂1 000倍液,或2.5%功夫乳剂1 500~2 000倍液,或50%甲胺磷乳油2 000倍液等,间隔半个月再喷一次,注意轮换用药或选用复配剂,减少抗性。②注意保护和利用蚜虫天敌,白杨毛蚜的天敌主要有:七星瓢虫、异色瓢虫、龟纹瓢虫、中华草蛉、杨腺溶蚜茧蜂、食蚜蝇等。

卵期(8月):在早春花木发芽前用清水冲洗枝干和芽部,把越冬卵冲刷掉;寄主发芽前可喷洒5%柴油乳剂,或5波美度度石硫合剂,杀死越冬卵。

十、刺槐蚜

【学名】　*Aphis robiniae*(Macchiati)。

【别名】　洋槐蚜、槐蚜、豆蚜。

【分类】　属同翅目绵蚜科。

【寄主】　杂食性,寄主植物有200余种,刺槐、国槐、紫穗槐、花生、大豆等多种豆科植物;河南寄主植物主要是国槐、刺槐。

【分布与危害】 国内主要分布于辽宁、北京、河北、山东、江苏、江西、河南、湖北、四川、福建、新疆等地。

以若蚜和成蚜群集新梢吸食汁液为主,使芽梢枯萎,嫩叶卷缩,枝条不能正常生长,并分泌蜜露,常引发煤污病,严重影响树木正常生长。

【形态特征】

成蚜:无翅孤雌蚜体卵圆形,长约 2.3 mm,宽约 1.4 mm,较肥胖,体黑色或黑褐色,少数黑绿色,有光泽;附肢淡色间有黑色。头、胸及腹部第 1 节至第 6 节背面有明显六角形网纹;体毛短,尖锐;触角长约 1.4 mm,各节有瓦纹;腹管长约 0.46 mm,长圆管形,基部粗大。尾片长锥形,有曲毛 6~7 根。有翅孤雌蚜长卵圆形,长约 2.0 mm,体黑色或黑褐色,翅透明,触角与足灰白色间黑色;触角长 1.4 mm;腹管长管形;尾片长锥形,有长曲毛 5~8 根,其他特征与无翅型相似(见图 3-25)。

图 3-25　刺槐蚜

卵:长约 0.5 mm,黄褐色或黑褐色。

【生物学特性】

刺槐蚜在河南一年发生20余代,以若蚜或卵在杂草中越冬。翌年3~4月在越冬植物上大量繁殖,4月中、下旬产生有翅胎生雌蚜迁飞至寄主上危害,4~6月是危害盛期,5月初发生第二次迁飞高峰,扩散杂草、农作物等其他寄主植物上危害。7月以后,种群数量明显下降,8月以后又迁飞到槐树上危害,直到10月下旬,逐渐迁飞至越冬寄主上繁殖危害。

温度和降雨是决定该种群数量变动的主要因素,相对湿度60%~75%,有利于其繁殖,当达到80%以上时,繁殖受阻,种群数量下降。无翅胎生雌蚜最适合繁殖温度为19~22 ℃。低于15 ℃和高于25 ℃时繁殖受到影响。经长期观察,刺槐花期正是刺槐蚜危害盛期。

【防治技术】

若蚜、成蚜期:①刺槐蚜发生初期喷洒EB-82灭蚜菌300倍液喷洒;②大量发生蚜虫时,喷洒10%吡虫啉2 000~3 000倍可湿性粉剂液,或10%蚜虱净可湿性粉剂3 000~4 000倍液;③保护和利用瓢虫、草蛉、小花蝽、蚜茧蜂、食蚜蝇和食虫虻等天敌,同时可施放草蛉和蜘蛛等槐蚜的捕食性天敌。

卵期:每年秋、冬季消灭越冬卵,可喷石硫合剂;冬季刮除枝干上的越冬卵,以消灭虫源,防止蔓延。

十一、榆四脉绵蚜

【学名】 *Tetraneura ulmi* (Linnaeus)。

【别名】 谷榆蚜、秋四脉绵蚜、高粱根蚜。

【分类】 属同翅目绵蚜科四脉绵蚜属。

【寄主】 寄主榆树,高粱、谷子、糜子等禾本科植物。

【分布与危害】 分布于河南、内蒙古、宁夏、甘肃、陕西、辽宁等地。为害高粱、玉米等的根部,造成黄化。为害榆树时形成红色袋状竖立在叶面上的虫瘿。

早春刺吸榆树嫩叶汁液,4~5月受害叶面形成紫红色或黄绿色无刺毛的袋状虫瘿,俗称"榆娃娃"。虫瘿初期为绿色,之后逐渐变成红色,使叶面呈畸形(见图3-26),影响生长和观赏。

图 3-26　榆四脉绵蚜危害状

【形态特征】

成蚜:虫体多型,干母蚜无翅,体长 0.5~0.7 mm,黑色,蜕皮后变为绿色。干雌蚜无翅,体长 2.0~2.5 mm,体灰绿色或紫色,体被蜡质白粉。迁移蚜有翅,体长 2.5~3.0 mm,体灰绿色或深绿色。侨居蚜无翅,椭圆形,体长 2.0~2.5 mm,杏黄色,体被呈放射状的蜡质绵毛。

卵:长椭圆形,长 1 mm,初黄色,后变为黑色或深褐色,有光泽,表面有胶质物。

【生物学特性】

以卵在榆树枝干、树皮缝中越冬。翌年 4 月下旬越冬卵孵化为干母若蚜,爬至新萌发的榆树叶背面危害,形成虫瘿。5 月上旬在受害叶面形成紫红色或黄绿色无刺毛的袋状虫瘿,5 月中旬干母老熟,在虫瘿内孤雌生殖,产生干雌蚜,干雌蚜经过 3 次蜕皮形成有翅蚜,称迁移蚜。5 月初至 6 月初,迁移蚜从虫瘿爬出,迁往禾本科作物高粱、玉米根部胎生繁殖危害,称侨居蚜。9 月下旬侨居蚜又产生有翅性母蚜,飞回榆树上危害,产生性蚜,交配后产卵越冬。

【防治技术】

干母呀、干雌蚜、迁移蚜(3~5 月):干母蚜孵化初期,对树干、树冠喷洒 40%氧化乐果乳油 1 000 倍液,或 10%氯氰菊酯 3 000 倍液,或灭蚜松 1 000 倍液等;苗圃地可在初夏虫瘿裂口前进行人工剪除虫瘿。

侨居蚜、性母蚜(6~9 月):清除榆树周围禾本科杂草,破坏其正常生活转主、寄主的生活环境。

性蚜、卵(10 月至翌年 2 月):性蚜产卵前喷药,使用药剂与春季防治用药相同,需要适当加大药剂的浓度。

十二、油松大蚜

【学名】 *Cinara piniaa* Mordwiko。

【别名】 松长足大蚜、松大蚜。

【分类】 属同翅目大蚜科。

【寄主】 油松、雪松、马尾松、红松、黑松、华山松、云南松、赤松等。在河南主要寄主是油松、雪松。

【分布与危害】 国内分布于河南、山东、陕西、山西、内蒙古和华南等地。以成蚜、若蚜刺吸嫩枝和幼干的汁液。在油松大蚜的为害下,松针上蜜露明显,远处可见明显亮点,当蜜露较多时,可沾染大量烟尘和煤粉,当煤污积累到一定的程度时,松树可得煤污病,影响松树生长。

【形态特征】

成蚜:形体较大,体长 3~4 mm,赤黑色至黑褐色;复眼黑色,触角刚毛状,6 节,第 3 节最长。有翅型体短胖状,体长 2.6~3.1 mm,全体黑褐色,其上着生许多黑色刚毛,足上多,腹末稍尖,翅膜质、透明,前翅有翅痣。无翅型均为雌性,体粗壮,腹部圆,其上散生黑色粒状突起,秋末,雌成蚜腹末被有白色蜡粉。

卵:黑绿色,长圆柱形。卵刚产出时白绿色,渐变为黑绿色,多由 7~15 个卵整齐排列在松针叶上,常被有白色蜡粉。

若蚜:有卵生若虫和胎生若虫两种,体型和无翅雌蚜相似,只是体型较小,新孵化若蚜淡棕褐色,腹全为软腹,喙细长,相当于体长的 1.3 倍。

【生物学特性】

河南一年发生 10 多代,以成蚜或卵在针叶上越冬。翌年 3~4 月开始活动,无翅成蚜进行孤雌生殖,产生无翅或有翅后代,每头成蚜能胎生 30 多头雌性若虫。若蚜长成后继续胎生繁殖,3~4 d 后即可繁殖后代,增长极快。6月出现有翅胎生雌蚜,迁飞繁殖,在10月中旬,出现性蚜(有翅雄、雌成虫),交配后,雌成蚜产卵越冬,整齐排在松针上,每雌产卵8~24粒。

【防治技术】

成蚜、若蚜(4~9月):发生期,迁飞扩散前,特别是4~5月,喷洒1.2%烟碱·苦参碱乳油1 000倍液或辟蚜雾3 000~4 000倍液等内吸性药剂。7~10 d喷1次,连喷3次。

成蚜、卵(10月至翌年3月):药剂防治和发生期相同。加强抚育管理,特别是幼龄林,剪除冬季着卵叶,集中烧毁,消灭虫源。

第三节 蛀干害虫

一、光肩星天牛

【学名】 *Anoplophora glabripennis*(Motsch)。

【别名】 光肩天牛。

【分类】 属鞘翅目天牛科。

【寄主】 为柳属、榆属、槭属等树种。

【分布与危害】 国内分布于辽宁、河北、山西、陕西、甘肃、宁夏、内蒙古等20余省(自治区、直辖市)。主要以幼虫蛀食韧皮部和边材,并在木质部内蛀成不规则坑道,成虫补充营养时也取食寄主树木的叶片、叶柄及小枝皮层,严重时树木百孔千疮,易风折或枯死。

【形态特征】

成虫:通体黑色,略带紫铜色,具金属光泽。头比前胸略小,自后头至唇基有一条纵沟。触角鞭状,共11节,第3节最长,以后各节渐次缩短,自第3节开始各节基部均呈灰蓝色。雌虫触角约为体长的1.3倍,最后一节末端为灰白色。雄虫触角约为体长的2.5倍,最后一节末端为黑色。前胸两侧各有一个棘状突起。每个鞘翅上有20多个大小不等的白色毛斑,排列成5~6横列,身体腹面及腿部均为蓝灰色(见图3-27)。

卵:椭圆形,长约6 mm,两端稍弯曲,初产乳白色,近孵化时变为黄

图 3-27   光肩星天牛成虫

色。

幼虫：初孵幼虫乳白色，取食后淡红色。老熟时身体带黄色，头褐色，体长约 55 mm。前胸背板后半部呈"凸"字形黄褐色斑纹。

蛹：乳白至黄白色，体长 30~37 mm。触角末端卷曲呈环状，第 8 节背面有一向上棘状突起。

【生物学特性】

光肩星天牛的生活史较长，两年发生 1 代或一年发生 1 代，卵、幼虫、蛹均能在被害树木坑道内越冬，大部分以幼虫越冬。越冬幼虫于 3 月下旬开始活动取食，4 月末 5 月初开始在坑道上部筑蛹室，6 月中下旬为化蛹盛期，蛹期 13~24 d。6 月中旬到 7 月下旬为成虫盛期，8 月上、中旬为末期，但成虫出现期可到 10 月中旬才结束。

成虫飞翔能力弱，晴天 10:00~14:00 进行飞翔、取食、交配、产卵等活动。产卵前雌成虫先咬一圆形刻槽，每槽只产 1 粒，产卵后分泌一种胶状物，以蛀屑涂抹产卵孔。雌虫一生能产卵 32 粒左右。卵期约 16 d。初孵幼虫首先取食卵槽边缘的腐烂变黑部分，3 龄以后逐渐蛀入木质部内，钻蛀成 S 形或 U 形的坑道。每坑道有 1 头幼虫，坑道互不相通，一般情况下坑道长 3.5~15 cm。10 月中旬幼虫在坑道内越冬。

【防治技术】

幼虫、蛹(4~5月):①对于幼树,幼虫取食为害期,将树虫孔内的粪便、木屑掏出,用毒签或磷化铝片剂塞孔,孔外用泥土堵死。②对高大的树木,在主干基部打孔注药防治幼虫。采用电钻在树干基部打下斜侧孔至边材与心材分界处,用20%吡虫啉按每厘米胸径施入0.3 mL。

成虫、卵、幼虫(6~10月):①成虫羽化后产卵前,发动群众人工捕杀。②化学防治成虫,用绿色威雷、8%氯氰菊酯微囊悬浮剂200~300倍液喷洒,喷洒部位重点在羽化孔附近或其补充营养部位。③在光肩星天牛产卵高峰期,应向树体喷洒辛硫磷200~300倍液,条件允许时,每10 d喷洒一次,可有效地灭杀刚孵化的天牛幼虫。

幼虫、卵(11月至翌年3月):选育抗虫品种,营造混交林。结合修剪疏枝,便于查看树杈处的天牛虫卵,在产卵期刮除虫卵。伐除受害严重的树木,并进行熏蒸处理,用磷化铝(6 g/m³)、硫酰氟(40~60 g/m³)塑料帐幕熏蒸3~7 d;用水浸泡,需要30~50 d。熏蒸工作必须在成虫羽化前进行。

二、星天牛

【学名】 *Anoplophora chinensis*(Forster)。

【别名】 老水牛、花牯牛、柑橘天牛、柑橘星天牛。

【分类】 鞘翅目天牛科。

【寄主】 柳树、杨树、榆树、刺槐、悬铃木、乌桕、相思树、柑橘、核桃、苦楝、桑、女贞、樱花等。

【分布与危害】 分布于辽宁、河北、山东、河南、湖南、陕西、安徽、甘肃、四川等地。以成虫啃食枝干嫩皮,幼虫钻蛀树干危害,造成树干千孔百洞,严重时树木易风折枯死。

【形态特征】

成虫:漆黑色、具光泽。头部和身体腹面被银白色和部分灰蓝色细毛(见图3-28)。触角呈丝状,黑白相间,长约10 cm。雄成虫触角超出身体4、5节,雌成虫的触角稍过体长。前胸背板具尖锐粗大的侧棘突。鞘翅基部密布黑色小颗粒,每鞘翅有大小白斑约20个,白点大小个体差异颇大。本种与光肩星天牛的区别就在于鞘翅基部有黑色小颗粒，而后者鞘翅基部光滑。

(a)成虫

(b)危害状

图 3-28　星天牛成虫及危害状

幼虫：老熟幼虫体长 38~60 mm，乳白色至淡黄色，圆筒形。前胸背板的"凸"字形锈斑上密布小粒点，"凸"字形纹上方有两个飞鸟形斑纹。

卵：长椭圆形，长 5~6 mm，宽 2.2~2.4 mm。初产时白色，以后渐变为浅黄白色。

蛹：纺锤形，长 30~38 mm，淡黄色。

【生物学特性】

南方一年 1 代，个别地区 2 年 1 代或 3 年 2 代。在河南 2 年发生 1 代，以幼虫在被害寄主木质部内越冬。翌年 3 月以后幼虫开始活动，4 月幼虫老熟，5 月下旬化蛹结束，蛹期 19~33 d。5 月上旬成虫开始羽化，5 月底 6 月上旬为成虫出孔高峰，成虫羽化后在蛹室停留 4~8 d，待身体变硬后才从圆形羽化孔外出,啃食寄主幼嫩枝梢树皮补充营养,10~15 d 后全天交尾,3~4 d 后产卵,咬成"T"字形或"人"字形刻槽,再将产卵管插入刻槽一边的树皮夹缝中产卵,一般每一刻槽产1粒,每头雌成虫可产卵23~32粒,最多可达71粒,卵期9~15 d。6月中旬孵化,7月中、下旬为孵化盛期。孵化后的幼虫,从产卵处蛀入,向下蛀食于表皮和木质部之间,形成不规则的扁平虫道,一个月后开始向木质部蛀食,蛀至木质部2~3 cm深度就转向上蛀坑道并向外蛀穿一个排粪孔,从中排出蛀屑和虫粪。9月末绝大部分幼虫转头顺着原虫道向下移动,至蛀入孔再开辟新虫道向下部蛀进,并在其中为害越冬。

【防治技术】

幼虫、蛹(4~5月):①对于幼树,星天牛幼虫取食为害期,将树虫孔内的粪便、木屑掏出,用毒签或磷化铝片剂塞孔,孔外用泥土堵死。②对高大的树木,主干基部打孔注药防治幼虫。采用电钻在树干基部打下斜侧孔至边材与心材分界处,用20%吡虫啉按每厘米胸径施入0.3 mL。

成虫、卵、幼虫(6~10月):①成虫羽化后产卵前,发动群众人工捕杀。②化学防治成虫,用绿色威雷、8%氯氰菊酯微囊悬浮剂200~300倍液喷洒,喷洒部位重点在羽化孔附近或其补充营养部位。③星天牛产卵高峰期,应向树体喷洒辛硫磷200~300倍液,条件允许下,每10 d喷洒一遍,可有效地灭杀刚孵化的星天牛幼虫。

幼虫、卵(11月至翌年3月):选育抗虫品种,营造混交林。结合修剪疏枝,便于查看树杈处的天牛虫卵,在产卵期刮除虫卵。

三、桃红颈天牛

【学名】 *Aromia bungii* (Fald.)。

【别名】 红颈天牛、铁炮虫。

【分类】 属鞘翅目天牛科。

【寄主】 危害苹果、桃、核桃、杏、李、樱花、樱桃等多种果树及林木;河南主要寄主为桃、杏、樱桃。

【分布与危害】 分布于全国,北京、东北、河北、河南、江苏等地危害严重。

幼虫沿树干由上而下蛀食危害,在树干中蛀成弯曲无规则的通道,常造成皮层脱落、树干中空,严重影响树势,导致全株死亡甚至毁园。

【形态特征】

成虫:体长 28~37 mm,宽约 9 mm,体具黑色、带有光泽,前胸棕红色,故名红颈天牛,前胸两侧各有 1 个棘突,背面有 4 个瘤状突起,鞘翅表面光滑,基部较前胸宽,后胸短较窄。雄虫体小,前胸腹面密被刻点,触角超过体长 5 节。而雌成虫前胸腹面有许多横纹,触角体长超过 2 节。

卵:长椭圆形,乳白色,长约 6.5 mm。

幼虫:老熟幼虫体长约 45 mm,乳白色,前胸最宽。身体前半部各节略呈扁长方形,后半部稍呈圆筒形,体两侧密生黄棕色细毛。如图 3-29 所示。

(a)成虫 　　　　　　　　　　　　(b)幼虫

图 3-29　桃红颈天牛

蛹:裸蛹,长 25~35 mm,初始淡黄白色,后渐变为黄褐色,羽化前黑色,前胸两侧和前缘中央各有 1 个突起,长约 45 mm。

【生物学特性】

一般 2 年(少数 3 年)发生 1 代,在河南桃红颈天牛一般 2 年发生 1 代,以幼虫在树干内越冬。3 月下旬越冬幼虫陆续开始活动,5~6 月为越冬幼虫危害高峰,5 月上旬至 6 月上旬老熟幼虫用分泌物黏结木屑在蛀道内做实化蛹,6 月下旬至 7 月中旬成虫羽化,从羽化孔钻出,出洞 2~3 d 后交尾,短时间内即可产卵,6~7 月为产卵盛期。幼虫孵化后,蛀入韧皮部与木质部间危害,开始越冬。翌年春继续向下蛀食皮层,7~8 月当幼虫长约 30 mm 后,头向下往木质部蛀食,在树干内开始越冬。幼虫一生钻蛀隧道长达 50~60 cm。在树干的蛀孔外和地面上常常堆积有排出的红褐色粪屑,可能引起流胶病。

【防治技术】

成虫(5~7 月):①树干涂白。成虫发生前,利用桃红颈天牛惧怕白色的习性,对树的主干与主枝涂白防止成虫产卵,涂白剂可用生石灰:硫黄:水 = 10:1:40 的比例进行配制。②在 6~7 月成虫发生盛期及幼虫刚孵化期,可在树干和主枝上均匀喷洒 10% 吡虫啉可湿性粉剂 2 000 倍液,或 15% 吡虫啉微囊悬浮剂 3 000~4 000 倍液,或 50% 杀螟松乳油 1 000 倍液,7~10 d 喷一次,连喷 2~3 次,以毒杀成虫和杀灭初孵幼虫。③桃红颈天牛成虫对糖醋液有趋性。在成虫发生期,将糖、酒、醋按 1:0.5:1.5 的比例配制成诱液,装入罐中,在果园内均匀分布,悬挂在果树上距地面约 1 m 高处,诱杀成虫,集中消灭。

幼虫(7~8 月):①幼虫孵化后,经常检查树干,发现粪屑时,随即将皮下的小幼虫用铁丝钩杀。②氧化铝熏杀。在新鲜排粪孔处,用细铁丝或镊子掏尽粪渣,并用小刀撬开排粪孔周围皮层,塞入磷化铝片剂 1/3~1/4 片后,立即用泥封严排粪孔。树干上蛀孔多时,用塑料薄膜包扎树干,熏杀树干内幼虫。

卵:在成虫产卵期,检查树体,发现树皮裂缝处的产卵痕迹时,用刀等利器刮除虫卵。

注意保护和利用天敌,我国对管氏肿腿蜂的研究应用较多,已实现人工大规模养殖。可以连年释放管氏肿腿蜂,致死率能达到 70% 以上。同时可悬挂人工鸟巢招引斑啄木鸟和星头啄木鸟等捕食性天敌,也能起到抑制种群的作用。

四、桑天牛

【学名】 *Apriona germari*(Hope)。

【别名】 褐天牛、粒肩天牛、铁炮虫。

【分类】 属鞘翅目天牛科。

【寄主】 危害杨树、柳树、槐树、榆树、构树、桑树、刺槐、油桐、白蜡、海棠、樱花、无花果、樱桃、苹果、山核桃等多种林木;河南主要以杨树、桑树、构树为寄主。

【分布与危害】 国内除黑龙江、内蒙古、宁夏、青海、新疆外,各省(自治区、直辖市)均有发生。主要以幼虫蛀食木质部,以成虫啃食嫩枝树皮,树木被害后生长不良,树势衰弱,降低木材利用价值,影响果实产量。

【形态特征】

成虫:体和鞘翅黑褐色,被黄褐色短毛。触角鞭状,第1、2节黑色,其余各节灰白色,端部黑色。头顶隆起,中央有1条纵沟,前胸近方形,背面有横的皱纹,两侧中央各有一个棘状突起。见图3-30。

图3-30 桑天牛成虫

卵:黄白色,长椭圆形,长5~7 mm,稍弯曲。

幼虫:圆筒形,老熟幼虫乳白色,头部黄褐色,前胸节大,背板密生黄褐色短毛和赤褐色粒点,隐约可见"小"形凹纹。

蛹:纺锤形,初为淡黄色,后黄褐色,触角向后披,末端弯曲。

【生物学特性】

北方2~3年一代,以幼虫或即将孵化的卵在枝干内越冬,在寄主萌动后开始为害,落叶时休眠越冬。初孵幼虫,先向上蛀食10 mm左右,即掉回头沿枝干木质部向下蛀食,逐渐深入心材,如植株矮小,下蛀可达根际。幼虫在蛀道内,每隔一定距离即向外咬一圆形排粪孔,粪便和木屑即由排粪孔向外排出。排泄孔径随幼虫增长而扩大,孔间距离自上而下逐渐增长,增长幅度因寄主植物而不同。幼虫老熟后,即沿蛀道上移,越过 1~3 个排泄孔,先咬出羽化孔的雏形,向外达树皮边缘,使树皮呈现臃肿或破裂,常使树液外流。此后,幼虫又回到蛀道内选择适当位置(一般距蛀道底 70~120 mm)做成蛹室,化蛹其中。蛹期 15~25 d。羽化后于蛹室内停 5~7 d 后,咬羽化孔钻出,7~8 月为成虫发生期。成虫多晚间活动取食,以早晚较盛,经 10~15 d 开始产卵。2~4年生枝上产卵较多,多选直径 10~15 mm 的枝条的中部或基部,先将表皮咬成 U 形伤口,然后产卵于其中,每处产 1 粒卵,偶有 4~5 粒者。每雌可产卵 100~150 粒,产卵 40 余天。卵期 10~15 d,孵化后于韧皮部和木质部之间向枝条上方蛀食约 1 cm,然后蛀入木质部内向下蛀食,稍大即蛀入髓部。开始每蛀 5~6 cm 长向外咬一排粪孔,随虫体增长而排粪孔距离加大,小幼虫的粪便红褐色细绳状,大幼虫的粪便为锯屑状。幼虫一生蛀坑道长达 2 m 左右,坑道内无粪便与木屑。幼虫期22~23 个月,危害期达 16~17 个月,危害至 10 月开始越冬。

【防治技术】

幼虫(12 月至翌年 3 月):伐除受害严重的树木,并进行熏蒸除害处理,成虫羽化前用磷化铝(6 g/m^3)、硫酰氟(40~60 g/m^3)塑料帐篷熏蒸 3~7 d;水浸泡需要 30~50 d。

幼虫、蛹(4~6 月):大龄幼虫期,可先将蛀孔中的粪便和木屑,在蛀孔插入毒签或磷化铝片或天牛气泡等堵孔。

成虫、卵、幼虫(7~10 月):①卵或初孵幼虫锤击刻槽,或对刻槽喷涂灭蛀磷 100 倍液。②虫道插毒签或注药。③成虫期人工捕杀。④化学防治用绿色威雷、8%氯氰菊酯微囊悬浮剂 200~300 倍液,各喷一次,喷洒部位重点在羽化孔附近或其补充营养部位。或用 5%吡虫啉乳油干基打孔注药(0.3 mL/cm 胸径)。

五、锈色粒肩天牛

【学名】　*Aprionaswainsoni*(Hope)。

【别名】 国槐天牛、槐天牛。

【分类】 属鞘翅目天牛科。

【寄主】 危害国槐、黄檀、紫柳等。

【分布与危害】 国内分布于河南、山东、福建、广西、四川、贵州、云南、江苏、湖北、浙江等地。主要危害槐树、柳树、云实、黄檀、三叉蕨等植物。在河南危害10年生以上国槐的主干或大枝,以郑州、开封、洛阳、商丘、许昌、濮阳等大中城市及部分县行道树受害为重。以幼虫在树皮下与木质部之间蛀道,成虫啃食幼嫩枝梢,均截断疏导组织,致树木或枝梢枯死。无论对用材林或观赏林,都是一种危害性比较严重的害虫。

【形态特征】

成虫:雌虫体长31~44 mm,宽9~12 mm,雄虫略小。体栗褐色,被棕红色绒毛及白色绒毛斑。头、胸及鞘翅基部颜色较深。触角10节,1~4节下方具毛,第4节中部以后各节黑褐色。前胸背板中央有大型颗粒状瘤突,前后横沟中央各有一个白斑,侧棘突基部附近有2~4个白斑。小盾片舌状,基部有白色斑。鞘翅基部有黑褐色光亮的瘤状突起,翅面上有数十个白色绒毛斑。中足胫节具较深的斜沟。雌虫腹末节1/2露出翅鞘之外,腹板端部平截,背板中央凹陷较深。雄虫腹末节几乎不露出,背板中央凹入较浅。本种的相近种是灰绿粒肩天牛,主要区别是后者体背被褐绿色绒毛。

卵:长椭圆形,乳白色,长5.5~6 mm,宽1.5~2 mm。卵外覆盖不规则草绿色分泌物,初排时呈鲜绿色,后变灰绿色。

幼虫:体扁圆筒形,乳白色,具棕黄色细毛。老熟幼虫体长56~76 mm,前胸背板宽10~14 mm,触角3节。前胸背板黄褐色,略呈长方形,其上密布棕色颗粒状突起,中部两侧各有一斜向凹纹,胸腹部两侧各有9个黄棕色椭圆形气门。头扁、后端圆弧形,1/2以上缩入前胸内。

蛹:纺锤形,长45~50 mm,宽12~15 mm。初为乳白色,渐变为淡黄色。头部中沟深陷,口上毛6根,触角向后背披,末端卷曲于腹面两侧。翅超过腹部第3节,腹部背面每节后缘有横列绿色粗毛。

【生物学特性】

该虫在河南 2 年发生 1 代,以幼虫在树皮下木质部之间虫道内越冬。来年 3 月中下旬越冬幼虫开始活动。幼虫经 2 次越冬,于第 3 年 5 月中旬老熟幼虫开始化蛹,蛹期 25~30 d。6 月上旬至 9 月中旬出现成虫,取食新梢嫩皮补充营养;雌成虫一生可多次交尾、产卵。产卵期在 6 月中下旬至 9 月中下旬,卵期 10 d。7 月中旬初孵幼虫自产卵槽下直接蛀入边材危害,11 月上旬在虫道尽头做细小纵穴越冬,翌年 3 月中下旬继续蛀食。幼虫历期 22 个月,每年 4~10 月为活动期,在树体内蛀食危害长达 13 个月。花绒坚甲为其蛹期、成虫期主要天敌。

【防治技术】

根据锈色粒肩天牛产卵部位、初孵化幼虫蛀入边材后将粪便排出以及老熟幼虫蛀食木质部有木丝排出等特点,对幼苗、幼树、枝干等材料进行严格检疫。随时发现随时处理。

幼虫、蛹(4~6 月):在锈色粒肩天牛幼虫活动期,可先将蛀孔中的粪便和木屑,在蛀孔插入毒签或磷化铝片或天牛气泡等堵孔。

成虫、卵、幼虫(7~10 月):①卵或初孵幼虫锤击刻槽,或对刻槽喷涂灭蛀磷 100 倍液。②虫道插毒签或注药。③成虫期人工捕杀。④化学防治。用绿色威雷、8%氯氰菊酯微囊悬浮剂 200~300 倍液,各喷 1 次,喷洒部位重点在羽化孔附近或其补充营养部位。或用 5%吡虫啉乳油干基打孔注药(0.3 mL/cm 胸径)。

幼虫(12 月至翌年 3 月):伐除受害严重的树木,并进行熏蒸除害处理,成虫羽化前用磷化铝(6 g/m^3)、硫酰氟(40~60 g/m^3)塑料帐篷熏蒸 3~7 d;水浸泡需要 30~50 d。

其他技术:保护和利用天敌。花绒坚甲是锈色粒肩天牛的主要天敌,蛹期和成虫期均可被寄生。该虫在河南 1 年 1 代,以成虫在天牛旧虫道或树体皮缝中越冬。翌年 4~5 月开始活动,5 月为盛期。成虫交尾后寻找新虫道在寄主体上产卵。一寄主体内可发育 7~8 头至 10 多头花绒坚甲幼虫。该虫资源丰富,在光肩星天牛发生区,可用灯光诱集,然后接种到被害国槐上,利用天敌进行防治。

第四章 主要病害识别与防治

一、杨树白粉病

【寄主】 杨树。

【分布与危害】 杨树白粉病在国内分布较为广泛,分布于北京、河北、内蒙古、辽宁、吉林、河南、山东、湖北、湖南、广西、四川、贵州、云南、陕西、甘肃等地。

杨树受害后,叶面布满白粉,叶片褪绿变薄,有的扭曲变形。苗圃苗木严重侵染造成提前落叶,甚至枯死。大树受害也严重影响正常生长。

【症状】 发展初期在叶片的两面形成大小不等的白色粉斑点,圆形或不规则形,逐渐扩展,严重时白色粉状物可连片,致使整个叶片呈白色(见图4-1)。不同的杨树品种被不同的病原菌侵染后表现的症状略有不同,有的杨树白粉病,到后期病斑上产生黄色至黑褐色小粒点,白粉层会消失。

图4-1 杨树白粉病

【病原】　病原菌有 3 个属 7 个种 2 个变种:钩状钩丝壳 Uncinula adunca（Wallr.；Fr.）Lév. var. adunca、东北钩状钩丝壳 U. adunca var. mandshurica Zheng & Chen、易断钩丝壳 U. fragilis Zheng & Chen、长孢钩丝壳 U. longispora Zheng & Chen、小长孢钩丝壳 U. longispora var. minor Zheng & Chen、假香椿钩丝壳 U. pseudocedrelae Zheng & Chen、薄囊钩丝壳 U. tenuitunicata Zheng & Chen、杨球针壳 Phyllactinia populi（Jacz.）Yu、杨生半内生钩丝壳 Pleochaeta populicola Zhang。

【发病规律】　在河南,病菌以子囊壳在落叶或枝条上越冬,翌年杨树展叶时,子囊壳释放出子囊孢子进行初次侵染。在相对湿度 85%~90%、气温 10~15 ℃的条件下,子囊孢子很快萌发侵入寄主,1 周后在叶片上出现白粉（菌丝体）,菌丝体生出分生孢子梗,在整个生长季节产生大量分生孢子,多次进行再侵染,扩大病情。气温 5~30 ℃的情况下,分生孢子均可萌发。一般 6~9 月发病,症状明显,秋后形成闭囊壳,其后逐渐成熟越冬。

【防治方法】　发病期（4~9 月）:喷洒 1∶1∶100 波尔多液、0.3~0.5 石硫合剂、50%甲基托布津 800~1 000 倍液、15%粉锈宁可湿性粉剂 300~400 倍液等。以上药剂任选一种,在 4~5 月和 8~9 月发病盛期每月 2 次,共喷 2~3 次,6~8 月症状缓和期加强水肥管理,增强树木抗性。

越冬期（10 月至翌年 3 月）:病菌停止发展,清除林地内的落叶,集中深埋或高温沤肥。

二、杨树黑斑病

【寄主】　杨树、柳树,在安阳主要为杨树。

【分布与危害】　杨树黑斑病又称杨树褐斑病,在河南有分布。主要分布于吉林、辽宁、安徽、陕西、河南、山东、河北、湖北、江苏、云南、新疆等地。

杨树黑斑病侵染多种杨树的叶部,以中林 46 受害最重,叶片、叶柄、嫩梢都能感病,严重时叶面病斑累累,甚至全叶变黑枯死,导致提前落叶,严重削弱了树势。

【症状】该病一般发生在叶片上,发病初期首先在叶背面出现针头状凹陷发亮的小点(见图 4-2),后病斑扩大到 1 mm 左右,黑色,略隆起,叶正面也随之出现褐色斑点,5~6 d 后病斑中央出现乳白色突起的小点,病斑可发展成为圆斑或角斑,发病严重时,整个叶片变成黑色,病叶提早脱落。

图 4-2 杨树黑斑病

【病原】 病原菌为杨盘二孢菌 Marssonina populi(Lib.) Magn. 和褐斑盘二孢菌 M. brunnea (Ell. Et Ev.)Sacc. ,属半知菌亚门腔孢纲黑盘孢目盘二孢属。

【发病规律】 在河南 5~6 月开始发病,8~9 月是发病盛期。病菌以菌丝体、分生孢子盘和分生孢子在病落叶或 1 年生病枝梢中越冬。翌年春产生分生孢子作为初侵染来源,潜伏期 3~7 d。分生孢子借风、雨、云、雾等传播,适宜条件下很快产生分生孢子,进行再侵染。当出现持续 1 周以上的高温无雨干旱天气时,病害明显受到抑制。7 月初至 8 月上旬若高温多雨、地势低洼、种植密度过大,发病严重。

【防治方法】 ①发病初期(5~6 月):采用 70%代森锰锌或 12%速保利 800~1 000 倍液,或 1:1:200 的波尔多液喷雾,10 d 喷一次,共喷 4 次。②发病盛期(7~9 月):用烟雾机交替施用 2.5%氟硅唑和 8%百菌清热雾剂 4 次,间隔 10 d。③病原越冬期(1~5 月):适地适树,合理栽植,营造混交林,选择抗性树种;秋末冬初清除落叶,集中烧毁。

三、杨树溃疡病

【寄主】 危害杨树、柳树、刺槐、核桃、苹果、杏、梅、海棠等植物。

【分布与危害】 杨树溃疡病又名水泡型溃疡病,在北京、黑龙江、辽宁、天津、内蒙古、山东、山西、河北、河南、安徽、江苏、湖北、湖南、宁夏、贵州等地区分布,遍及河南全省。

该病危害树木枝干部位,严重受害的树木病疤密集连成一片,形成较大病斑,导致养分不能输送,植株逐渐死亡。

【症状】 危害主干和枝梢。在皮孔边缘形成水泡状溃疡斑,初为圆形,极小、不易识别,其后水泡变大(见图4-3)。泡内充满褐色黏液,水泡破裂流出褐水,病斑周围呈黑褐色,以后病斑干缩下陷,中央纵裂。

图4-3 杨树溃疡病

【病原】 病原菌为子囊菌亚门的茶子葡萄座腔菌 Botryosphaeria ribis(Moug. ex Fr)Ces. & de Not.,无性型为半知菌亚门的聚生小穴壳菌 Dothiorella grearia Sacc。

【发病规律】 以菌丝、分生孢子、子囊腔在老病疤上越冬,来年春孢子成熟,靠风雨传播,多由伤口和皮孔侵入,翌年春还可在老伤疤处发病。分生孢子可反复侵染。皮层腐烂变黑,到春季病斑出现黑粒——分生孢子器。后期病斑周围形成隆起愈伤组织,此时中央开裂,形成典型溃疡症状。一般3月下旬开始发病,4月中旬至5月上旬为发病盛期,5月中旬后发病逐渐缓慢,至6月初基本停止,10月病虫害又有发展。

【防治方法】

未显症期(1~3月):清除病死株及感病枝条,集中烧毁。秋末或春初在树干距地面1 m以下涂白,或用0.5波美度石硫合剂或1:1:

160 波尔多液喷洒树干。

发病期(4~6 月、8~9 月):初期喷涂 50%多菌灵可湿性粉剂 500 倍液、75%百菌清可湿性粉剂 800 倍液控制病害蔓延。

发病高峰期前,用 1%溃腐灵 50~80 倍液,涂抹病斑或用注射器直接注射在病斑处,或用 70%甲基托布津 100 倍液、50%多菌灵 100 倍液、50%退菌特 100 倍液、20%农抗 120 水剂 10 倍液、菌毒清 80 倍液喷洒主干和大枝。

缓和期(7~8 月):加强水肥管理,增强树木抗性。

四、杨树腐烂病

【寄主】 杨树、柳树及槭树、樱桃、接骨木、花椒、桑树等木本植物。

【分布与危害】 又称杨树烂皮病。分布在山东、安徽、河北、河南、江苏等地,在河南全省各地均有发生。

该病危害杨树干枝,引起皮层腐烂,导致造林失败和林木大量枯死。

【症状】

(1)干腐型:主要发生于主干、大枝及分杈处。发病初期呈暗褐色水渍,略肿胀,皮层组织腐烂变软,手压有水渗出,后失水下陷,有时病部树皮龟裂,甚至变为丝状,病斑有明显的黑褐色边缘,无固定形状,病斑在粗皮树种上表现不明显(见图 4-4)。发病后期在病斑上长出许多黑色小突起,即为病菌分生孢子器。

图 4-4　杨树腐烂病枯干腐型症状

(2)枯梢型:主要发生在苗木、幼树及大树枝条上。发病初期呈暗灰色,病部迅速扩展,环绕1周后,上部枝条枯死。此后,在枯枝上散生许多黑色小点,即为病原菌分生孢子器。在老树干及伐根上有时也发生树皮烂皮病,但症状不明显,只有当树皮裂缝中出现分生孢子角时才能发现。

【病原】　有性型为子囊菌亚门的污黑腐皮壳属 Valsa sordida Nit,无性阶段为金黄壳囊孢菌 Cytospora chrysosperm(Pers.)Fr。

【发病规律】　病菌主要以子囊壳、菌丝体或分生孢子器在病部组织内越冬。分生孢子角于4月初出现,5月中旬大量出现,雨后或潮湿天气下更多,7月后病势逐渐缓和,8~9月出现发病高峰,9月后停止发展。有性世代在6月出现。分生孢子和子囊孢子借风、雨、昆虫等传播,多由伤口或死皮组织侵入。杨树腐烂病菌是一种弱寄生菌,只能侵染生长不良、树势衰弱的苗木和林木,通过虫伤、冻伤、机械损伤等各种伤口侵入,一般生长健壮的树不易被侵染。

【防治方法】　未显症期(1~3月):清除病死株及感病枝条,集中烧毁。在树干距地面1 m以下涂白、绑草把或在树干基部培土。

发病初期(4~5月):喷涂20%果复康15倍液、70%甲基托布津50倍液、石硫合剂、50%多菌灵100倍液、10%碱水等。

春季发病盛期(5~6月):重病株及时伐除;较轻植株用小刀或刮刀将病斑刺破、刮去,再涂赤霉素或碱水。

缓和期(7~8月):加强水肥管理。

秋季发病盛期(8~9月):同春季。

五、杨树破腹病

【别名】　冻癌。

【寄主】　杨树、柳树、槭树、苹果等多种树木。

【分布与危害】　杨树破腹病主要分布在河北、北京、天津、内蒙古、山东、辽宁、吉林、黑龙江、河南、新疆等地,河南大部分地区有分布。

非生物性病害,树干受阳光灼伤,早春、晚秋日夜温差大所致。该病主要危害树干,也可危害主枝。常自树干平滑处及皮孔处开裂,裂缝可深达木质部。可诱发烂皮病、白腐病、红心病,严重影响生长。

【症状】　病害树主干基部或离地面几十厘米以上树皮腐烂,造成沿树干纵裂(见图 4-5)。受害轻的边缘能够愈合,形成长条裂缝,树木不会死亡;受害严重的从裂缝开始,两边树皮坏死、腐烂,韧皮部变黑,当烂皮环绕树干近 1 周时,树木生长逐渐衰退枯死。

图 4-5　杨树破腹病

【发病规律】　晚秋和早春天气骤然变冷变暖,昼夜温差大时易发病。常发生在树干西南面、南面。秋季土壤水分过多,树木生长过快,木质部含水量高时易发生。受害程度还与品种的抗性和离地条件有关,一般生长健康的本地树种,受害较轻。

【防治方法】　休眠期(10 月至封冻前):在树干 1.5~2.0 m 高以下涂白或用草包裹,林地及时排水,防止积水。

萌动期(4~5 月):用多菌灵或甲基托布津 200 倍液涂抹病斑。涂药 5 d 后,再用 50~100 倍赤霉素涂于病斑周围,可促进产生愈合组织,防治病斑复发。涂药前用小刀将病斑组织划破或刮除病斑老皮再涂药,可提高防治效果。

六、泡桐丛枝病

【别名】　扫帚病、聋病、疯病、凤凰窝。

【寄主】　泡桐。

【分布与危害】　分布于河北、山东、河南、陕西、安徽、湖南、湖北、江苏、浙江等泡桐栽植地区,河南省内发生普遍,以开封、商丘、周口、许昌、郑州、洛阳等地最严重。

该病是泡桐生长过程中最严重的病害之一,危害泡桐的树枝、干、根、花、果等,感病的幼苗、幼枝常于当年枯死;大树感病后常引起树势衰弱,材积量下降,甚至死亡。

【症状】 常见的丛枝病有以下两种类型:①丛枝型。发病开始时,个别枝条上大量萌发腋芽和不定芽,抽生很多小枝,小枝上又抽生小枝,抽生的小枝细弱,节间变短,叶序混乱,病叶黄化,至秋季簇生成团,呈扫帚状,冬季小枝不脱落,发病当年或第二年小枝枯死,若大部分枝条枯死,则会引起全株枯死。②花变叶型。花瓣变成小叶状,花蕊形成小枝,小枝腋芽继续抽生形成丛枝,花萼明显变薄,色淡无毛,花托分裂,花蕾变形,有越冬开花现象。常见为丛枝型:隐芽大量萌发,侧枝丛生,纤弱,形成扫帚状,叶片小,黄化,有时皱缩,幼苗感病则植株矮化(见图4-6)。1年生苗木发病,表现为全株叶片皱缩,边缘下卷,叶色发黄,叶腋处丛生小枝,发病苗木当年即枯死。

图4-6 泡桐丛枝病

【病原】 植原体 phytoplasma,圆形或椭圆形,直径 $0.2 \sim 0.82$ μm。

【发病规律】 病原体大量存在于韧皮部输导组织筛管中,通过筛板移动,能扩及整个植株。病原菌侵入寄主后潜伏期较长,一般可达 $2 \sim 18$ 个月。可通过病根及嫁接苗传播,亦可通过昆虫介体传播,带病的种根和苗木的调运是病害远程传播的重要途径。

【防治方法】 未显症期(1~5月):加强苗木管理,剪下的丛枝要集中烧毁以减少病源。

发病初期（6~9月）：①预防刺吸式害虫，防治沙枣木虱、小板网蝽若虫，减少传播媒介，控制病害蔓延。②适当增施磷肥，少用钾肥，提高泡桐的抗病能力。③加强管理，用25万单位的盐酸四环素或土霉素药液以注射法、吸根法及叶面喷施进行药物防治；用注射器向病株的髓心注药液，苗高0.5~1.0 m注入10~20 mL，苗高1.5~2.0 m，注入40~60 mL。1~8年生的树木，扒开树枝对应的侧根，选2~3 cm粗的根剪断，浸入药液，封土埋好，经1~2 d即可，2~3次为宜。

缓和期（10~12月）：秋季修除病枝，集中销毁。

七、桃树流胶病

【别名】　侵染性流胶病又称疣皮病、瘤皮病，非侵染性流胶病又称生理性流胶病。

【寄主】　桃、碧桃、梅花、樱花、李、杏等林木。

【分布与危害】　主要分布于河南、甘肃、河北、山东、江苏、广东、福建、贵州等地。河南大部分地区有分布。

该病主要危害枝干、主干与主枝丫杈处、小枝条，果实也可被侵害，引起流胶，造成茎枝"疙瘩"累累，树势衰弱，产量锐减，品质下降，严重时枝干枯死，甚至整株死亡。

【症状】　侵染性流胶病：一年生枝条染病常出现以皮孔为中心的瘤状突起，其上散生针尖大小黑色粒点（见图4-7）。第二年5月上旬病斑扩大，瘤状突起开裂，流褐色透明胶质，逐渐堆积后形成茶褐色硬质胶块。被害枝条表面粗糙变黑，形成直径4~10 mm的圆形或不规则形病斑，其上散生小黑点。多年生枝干受害，产生水泡状隆起，直径1~2 mm，并有树胶流出。严重的形成溃疡。

非侵染性流胶病：病害初期发病部位肿胀，后期病部分泌半透明的树胶，与空气接触后逐渐变为褐色，干燥后为红褐色至茶褐色的硬质胶块。随着流胶量增加，发病部位皮层及木质部逐渐变褐、腐朽。发病后期流胶处呈干腐状，树势衰弱，枝条干枯甚至整株死亡。

【病原】

侵染性流胶病：Botryosphaeria dothidea（Moug.）Ces et De Not.，称

(a)　　　　　　　　　　(b)

图 4-7　桃树流胶病

葡萄座腔菌,属真菌界子囊菌门。无性型为 Dothiorella gregaria Sacc.,
称小穴壳菌,属真菌界无性型真菌。两态可以同时存在。

非侵染性流胶病:诱发因素比较复杂,病虫侵害,霜冻,冰雹,水分
过多或不足,施肥不当,修剪过度,栽植过深,土壤黏重板结等都能引起
桃树流胶病。

【发病规律】　以菌丝体和分生孢子器在被害枝条里越冬,翌年 3
月下旬至 4 月中旬弹射出分生孢子,通过风雨传播。病菌从皮孔、伤口
及侧芽侵入,进行初侵染。一般直立枝条基部受害重,侧生的枝条向地
表的一面重,枝干分杈处易积水的地方受害重。一年有 2 个发病高峰
期,分别是 5 月中旬至 6 月中旬、8 月上旬至 9 月上旬。生理性流胶病
一般在雨季特别是长期干旱后遇降暴雨,发生严重;管理粗放、蝽象危
害的地方发病重。

【防治方法】　越冬期(10 月至翌年 2 月):清除初侵染源,结合冬
剪,彻底清除被害枝条,桃树萌芽前,用 80% 乙蒜素 100 倍液涂刷病斑,
杀灭越冬病菌;加强桃园管理,增施有机肥和磷、钾肥,合理修剪,防止
积水,增强树势。

发病初期(3~4月):开春后、树液开始流动时浇灌50%多菌灵可湿性粉剂300倍液,每株100~200 g;刮除病斑,开花前刮去胶块,后用80%乙蒜素乳油100倍液涂抹,或用21%过氧乙酸水剂3~5倍液涂抹。

发病期(5~9月):药剂防治,喷洒30%戊唑·多菌灵悬浮剂1 000倍液,或21%过氧乙酸水剂1 200倍液,或50%甲基·硫酸悬浮剂800倍液,或2%春雷霉素水剂800倍液等;防治枝干上的害虫,尤其是蚜虫和食心虫、天牛、介壳虫等,预防虫伤。

越冬期(10月至翌年2月):清除初侵染源,结合冬季修剪,彻底清除被害枝条。萌芽前,用80%乙蒜素乳油100倍液涂刷病斑,杀灭越冬病菌。加强桃园管理,增施有机磷、钾肥,合理修剪,增强树势。

八、枣疯病

【别名】 丛枝病、火龙病、扫帚病、公枣树。

【寄主】 枣树、酸枣树。

【分布与危害】 国内枣产区均有分布。

枣疯病轻则导致不结果,重则死枝死树,甚至全园毁灭。

【症状】 枣疯病是一种系统侵害性病害。其表现症状因发病部位不同而异。①丛枝,发病枝条的顶芽和腋芽大量萌发成枝,其上的芽又萌发小枝而成丛生枝。丛生枝条纤细、节间短、叶片小,黄绿色、呈扫帚状。秋季干枯,冬季不易脱落(见图4-8)。②花叶,不常见,多发生在嫩枝顶端,叶片呈现不规则的块状。出现叶面透明状及黄化。③花变叶,花发病时花器退化,花萼变成叶片,花瓣、雄蕊有时变成小叶片,花器返祖。④病果,病株上的健枝仍可结果,病果大小不一,着色不匀,果肉松软,不能食用。⑤枣吊变态,发病枣吊先端延长,延长部分叶片小,有明脉。⑥病根,主根由于不定芽的大量萌发,长出一丛丛的小根。后期病根皮层腐烂,严重者全株死亡。

【病原】 病原为植原体(类菌原体)Phytoplasma sp.。

【发病规律】 病原存在寄主植物韧皮部筛管内,能蔓延到全树各个部位。通过各种嫁接方式传染,也可通过叶蝉等昆虫传播。侵入后病原体潜育期25~382 d,上半年接种感染者当年就可以发病,下半年

图 4-8　枣疯病

接种感染者第二年发病。气候干旱、营养不良和管理不善者发病重。

【防治方法】

发病期(4~9 月):①加强枣树管理,增施有机肥、碱性肥。②喷洒 25%吡蚜酮可湿性粉剂 2 000 倍液,或 25%噻嗪酮悬浮剂 100 倍液等药剂可防治传病昆虫。③春季树液流动前,在主干中、下部环剥宽 3 cm 树皮。④灌药灭菌,4 月、8 月在病枝同侧树干钻 2~3 个孔,深达木质部,将薄荷水 50 g、龙骨粉 100 g、铜绿 50 g 研成细粉,混匀后用纸筒倒入孔内,每孔 3 g,再用木楔钉紧,用泥封闭,杀灭病体。

越冬期(10 月至翌年 3 月):选用抗病品种;在无病区采摘接穗,用无病接穗进行嫁接;对于带病接穗,用 1 000 mg/kg 盐酸四环素液浸泡半小时可消毒灭病;铲除病树,防止传染,苗圃一旦发现病苗,立即拔除。

九、梨锈病

【别名】　梨桧锈病、梨赤星病、羊胡子。

【寄主】　梨、木瓜、山楂、海棠等林木。转主寄主是龙柏、桧柏等。

【分布与危害】　全国各地均有分布。

主要危害叶片和新梢,严重时也危害幼果,危害叶柄和果柄。发病严重时,叶片焦枯,无法进行光合作用,引起落叶。

【症状】　侵染叶片后,初期病斑在叶片正面表现为橙色,具光泽,逐渐扩展为橙黄色圆形病斑,病斑略凹陷,斑上密生黄色针头状小点,叶背面病斑略突起,后期长出灰褐色毛状物(见图4-9、图4-10)。果实和果柄上的症状与叶背症状相似,幼果发病能造成果实畸形和早落。

图4-9　梨锈病

图4-10　梨锈病越冬态

【病原】　病原为梨胶锈菌 Gymnos porangium haraeanum Syd. 。

【发病规律】　病菌以多年生菌丝体在桧柏病组织中越冬,3~4月产生冬孢子角,遇水萌发产生担孢子,担孢子由风传播,于梨树幼嫩组织上萌发,直接侵入表皮,进行1次侵染。5~6月产生锈孢子,经气流和风传送到专主寄主柏树嫩枝叶上萌发侵入,萌发适宜温度27 ℃。梨锈病发生与春季气候条件关系密切,如果 3~4 月气温回升慢,气温偏低,降雨次数和降雨量多,容易引发该病发生或流行。

【防治方法】

发病盛期(3~5 月):梨树喷药时间,应在梨树萌芽至展叶后 25 d 内为宜,即在担孢子传播侵染盛期进行,每隔 10 d 喷药 1 次,连喷 3 次。药剂种类,1∶2∶200 波尔多液、25% 粉锈宁可湿性粉剂 1 000~1 500 倍液、20% 三唑酮·硫悬浮剂 1 000~1 500 倍液、梧宁霉素 600 倍液等(梨树盛花期不要用波尔多液,以免产生药害)。

越冬期(6 月至翌年 2 月)消灭越冬病菌,春季雨前剪除柏树上的病瘿,并用 2~3 波美度石硫合剂或 1∶2∶150 波尔多液喷洒柏树,减少初侵染源。

十、葡萄霜霉病

【寄主】 葡萄。

【分布与危害】 全国各地均有分布,葡萄霜霉病是由葡萄生单轴霉侵染所引起的、发生在葡萄上的一种病害。主要危害叶片,也危害新梢、花絮及幼果,是葡萄的主要病害。生长早期发病可使新梢、花穗枯死;中、后期发病可引起早期落叶或大面积枯斑而严重削弱树势,影响下年产量。病害引起新梢生长低劣、不充实、易受冻害,引起越冬芽枯死。

【症状】 叶片受害时,叶片先出现半透明、黄色、油渍状的病斑,而后在叶背的病斑处产生一层灰白色霉状物,严重时扩展到整个叶片(见图 4-11),造成落叶。新梢受害时上端肥厚、弯曲,由于形成孢子变白色,最后变褐色而枯死。如果生长初期侵染,叶柄、卷须、幼嫩花穗也出现同样症状,并最后变褐,扭曲或干枯脱落。花絮受害时,发病小花及花梗初现油渍状小斑点,由淡绿色变为黄褐色,病部长出白色霉层,病花穗渐变为深褐色,腐烂脱落。果实受害时,幼嫩的果粒高度感病,发病后果色变灰色,表面布满霜霉,果粒成熟时较少感病,老果粒发病后变褐色。

【病原】 病原为葡萄生单轴霉 Plasmopara viticola (Berk. & Curt.) Berl. &. de Toni,属鞭毛菌亚门。

图 4-11　葡萄霜霉病

【发病规律】　葡萄霜霉病是由真菌引起的病害,病菌在病组织、幼芽中或随病叶在土壤中越冬。来年条件适宜时,靠风、雨传播到寄主叶片上,由气孔、皮孔侵入,并可反复进行侵染。雨露是病菌侵入的首要条件,因此在低温多雨或雾露重的环境下易造成病害的发生和流行。从 7 月上旬开始发病,一直延续到 10 月底,秋季如遇降雨或重露,发病可延续到 10 月下旬至 11 月上旬。

【防治方法】

越冬期(11 月至翌年 3 月):在没有出现任何症状之前,常用药剂有(1∶0.5)~(1∶200)波尔多液、78%科博 600~800 倍液、80%必备 600~800 倍液、80%喷克 800 倍液等。以上药剂每隔 10~15 d 喷施 1 次,可有效预防病害的发生。

发病盛期(4~10 月):如果发现叶片或果实出现霜霉病的症状,需使用内吸性杀菌剂。效果比较好的药剂有 85%波尔·甲霜灵可湿性粉剂 600~800 倍液、72%甲霜·锰锌可湿性粉剂 600~800 倍液,80%疫霜灵 600 倍液、25%阿米西达 1 500~2 000 倍液。以上药剂间隔期控制在 7 d 左右,注意轮换用药。

十一、苹果炭疽病

【寄主】 苹果。

【分布与危害】 苹果炭疽病又称苦腐病、晚腐病,主要危害果实,接近成熟的果实受害最重,也可侵害果苔和枝干。主要以菌丝在僵果、果苔、病枯枝等部位越冬。分布于我国北方苹果产区,河南大部分地区有分布。

【症状】 初期果面上出现淡褐色小圆斑,迅速扩大,呈褐色或深褐色,表面下陷,果肉腐烂呈漏斗形,可烂至果心,具苦味,与好果肉界限明显(见图 4-12)。当病斑扩大至直径 1~2 cm 时,表面形成小粒点,后变黑色,即病菌的分生孢子盘,成同心轮纹状排列。几个病斑连在一起,使全果腐烂、脱落。有的病果失水成黑色僵果挂在树上,经冬不落。在温暖条件下,病菌可在衰弱或有伤的 1~2 年生枝上形成溃疡斑,多为不规则形,逐渐扩大,到后期病表皮龟裂,致使木质部外露,病斑表面也产生黑色小粒点。病部以上枝条干枯。果台受害自上而下蔓延呈深褐色,致果台抽不出副梢干枯死亡。

图 4-12 苹果炭疽病

【病原】 病原菌有性态为小丛壳菌 Glomerella cingulata (Stonem.),无性态为胶孢炭疽菌 Colletotrichum gloeosporioides Penz.。

【发病规律】 病菌以菌丝体、分生孢子盘在枯枝溃疡部、病果及僵果上越冬,也可在梨、葡萄、枣、核桃、刺槐等寄主上越冬。翌春产生分生孢子,借风、雨或昆虫传到果实上。分生孢子萌发通过角质层或皮孔、伤口侵入果肉,进行初次侵染。果实发病以后产生大量分生孢子进行再次侵染,生长季节不断出现的新病果是病菌反复再次侵染和病害蔓延的重要来源。该病有明显的发病中心,即果园内有中心病株,树上有中心病果。病菌自幼果期到成熟期均可侵染果实。一般6月初发病,7~8月为盛期,随着果实的成熟,皮孔木栓化程度提高,侵染减少。

【防治方法】

病原越冬期:铲除越冬菌源,在早春刮除枝干上的病瘤及老翘皮,清除果园的残枝落叶,集中烧毁或深埋。刮除病瘤后要涂药杀菌。

花芽萌动前喷5波美度石硫合剂或21%过氧乙酸水剂300倍液。

发病期(6~8月):从落花后半个月开始,使用广谱杀菌剂进行喷施,每隔15~20 d喷施1次。

第五章　林业有害生物调查

第一节　调查的类别和目的

林业有害生物调查按目的不同可分为普查和专题调查两种。普查的目的是查明调查区内主要林业有害生物的种类、数量、分布和林木受害情况等。专题调查是在普查的过程中发现比较严重的林业有害生物，以该种林业有害生物为对象来进行的专项调查。其目的是较详细地统计其发生的数量和危害程度，系统探索林业有害生物发生、发展的规律，做出进一步的科学分析。调查的主要内容为林业有害生物的数量、分布、危害程度、寄主范围以及环境因素对它的影响、防治措施及防治效果等。

专题调查根据内容、作用等，又可分为一般调查和系统调查。一般调查又叫面上调查、监测调查。调查的内容主要是掌握林业有害生物的发生期、发生范围、发生面积，为开展防治工作服务。系统调查又称点上调查，是对调查对象进行系统的连续观测的一种方法，其对象一般是预测预报对象或进行研究的对象。通过系统调查，掌握林业有害生物的发育进度、侵染过程、存活率、繁殖率等，为预测分析提供重要依据。

第二节　常用林业有害生物调查方法

根据林业有害生物的习性选择合适的调查方法。

一、阻隔法

利用松毛虫幼虫具有早春经过树干上树取食松树针叶，晚秋经过树干下树越冬，食性单一的习性，通过在树干设置阻截障碍或触（毒）杀，从而达到掌握虫口密度或防治害虫的目的。阻隔法目前主要有4

种,在实际监测调查和防治中,可因地制宜地选用其中任意一种方法或两种方法相结合。

(1)塑料环(碗)法:在越冬幼虫上(下)树前,在固定标准地的标准株胸高处,间隔缠绕宽5 cm的塑料环(下树期用塑料碗)两圈,每天定时检查塑料环下(碗上)的幼虫数量,检查完后将环下(碗上)的幼虫放于环上(碗下),连续观察至无幼虫上、下树时止。每天记录上、下树幼虫的数量。

(2)毒笔法:将触杀性强的农药加入石膏等填加剂制成粉笔状的毒笔,在树干画一闭合环,使松毛虫上、下树时接触毒环,中毒死亡,每天记录中毒死亡的幼虫数。

(3)毒纸环法:将纸条浸入配制好的药液中制成毒纸,将毒纸围在树干上成闭合环,松毛虫上、下树时会接触毒纸死亡,每天记录中毒死亡的幼虫数。

(4)喷毒环法:用小型喷雾器将配制好的药液在树干上喷一闭合环,触杀上、下树的松毛虫,每天记录中毒死亡的幼虫数。

二、振落法

对于一些具有假死性的昆虫,例如一些鳞翅目幼虫、甲虫和部分象甲可以采用振落法调查。具体做法是:在树冠垂直投影面积内的地面上铺塑料布,振动树干,使害虫落于塑料布上,然后统计并记录塑料布上的虫口数量。

三、标准枝法

在树冠的上、中、下层,分别从东、西、南、北四个方向剪取一个50 cm长的标准枝,统计标准枝上的虫口数量,整株树的枝条盘数与12个标准枝的平均虫口数的乘积即为标准株的虫口密度。

四、直接查数法

直接调查虫口数量。直接查数法适用于被害树木矮小、目标害虫体形大且不爱活动的虫种以及症状比较明显的病害调查,例如松毛虫蛹、鞘蛾、杨树烂皮病等。

五、捕捉法

对一些迁飞性昆虫,可以进行定期网捕,对趋光性昆虫,可使用黑光灯进行诱捕,病害孢子可以用孢子捕捉器进行捕捉,并统计捕捉到的数量,例如黏虫、舞毒蛾成虫的调查及落叶松早落病孢子飞散量的调查都可以采用捕捉法进行。

第三节　常用林业有害生物调查取样方法

常用取样方法中有害生物取样方法较多,常用的五种方法如下。

一、五点取样法

从标准地四角的两条对角线的交驻点,即标准地正中央,以及交驻点到四个角的中间点等 5 点取样(见图 5-1),或者在离标准地四边 4~10 步远的各处,随机选择 5 个点取样。该取样方法是应用最普遍的方法之一,当调查的总体为非长条形时都可以采用这种取样方法。

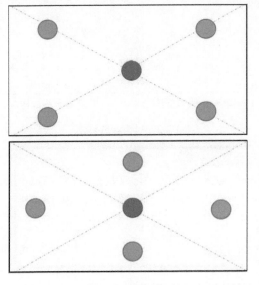

图 5-1　五点取样法

二、对角线取样法

调查取样点全部落在标准地的对角线上,可分为单对角线取样法和双对角线取样法两种(见图5-2)。单对角线取样法是在标准地的某条对角线上,按一定的距离选定所需的全部样点。双对角线取样法是在标准地四角的两条对角线上均匀分配调查样点取样。两种方法可在一定程度上代替棋盘式取样法,但误差较大。此方法适用于面积较大的方形或长方形地块。

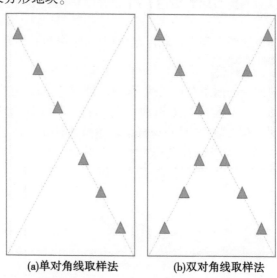

(a)单对角线取样法　　　　(b)双对角线取样法

图5-2　对角线取样法

三、平行线取样法

在标准地内每隔若干行取一行或数行进行调查(见图5-3)。本法适用于分布均匀的病虫害调查,调查结果的准确性较高。

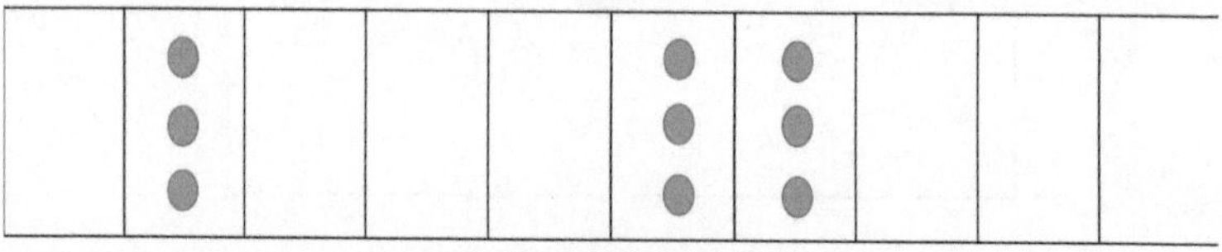

图5-3　平行线取样法

四、棋盘式取样法

在标准地内按照纵横间隔等距离进行取样的方法(见图5-4)。取样点在林间的分布呈棋盘式。

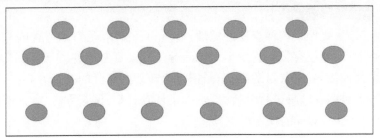

图5-4　棋盘式取样法

五、"Z"形取样法

在标准地相对的两边各取一平行的直线,然后以一条斜线将一条平行线的右端与相对的另一条平行线的左端相连,各样点连线的形状如同英文字母"Z"(见图5-5)。此法适用于在标准地的边缘地带发生量多,而在标准地内呈点片不均匀分布的林业有害生物调查。

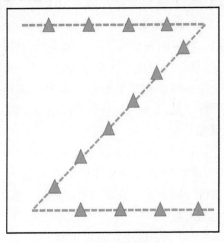

图5-5　"Z"形取样法

第四节 标准地调查

一、林业有害生物调查的准备工作

首先,要搜集被调查地的地理、自然和经济情况,特别要查阅有关林业生产、林业有害生物发生与防治等的档案资料记载、工作总结、调查研究报告等,主要目的是:一是拟订比较切合实际的调查方案;二是有助于对调查结果进行分析;三是确定调查计划、调查方法、设计调查表格,并准备必要的仪器和工具。

二、野外调查

采取地面人工调查为主,诱虫灯和引诱剂调查为辅,外业调查采取路线踏查与标准地详查相结合的方式进行。

(一)踏查

为了解和掌握调查区内各类病虫害的种类、数量、分布、危害情况,通常沿着预定的有代表性的路线进行踏查。踏查线路应通过当地各不同林木类型、立地条件、主要林业有害生物发生地。在踏查过程中,发现有病虫危害时,要初步确定有害生物种类、寄主植物、危害部位、分布范围,同时做好标本、影像的采集和处理。每条踏查路线发现的全部有害生物填入"踏查记录表"(见附录1附表1)。

根据踏查时发现的林业有害生物危害情况和林分类型,选择有代表性的林地,按照"标准地调查"要求开展详查。

(二)标准地调查

为了详细掌握某种或几种林业有害生物的危害程度和造成的损失,研究分析林业有害生物的发生与环境条件、林木经营方式的关系、需要设立标准地进行详细调查。在踏查的基础上,根据专项调查的要求确定设立标准地的地点。

标准地设置标准:对于非检疫性有害生物,人工林标准地累计面积原则上不应少于有害生物寄主面积的3‰,天然林不少于0.2‰,种苗繁育基地不少于栽培面积(数量)的5%;同一类型的标准地应尽可能有 3 次以上的重复。对于检疫性有害生物,人工林标准地累计面积原则上不应少于有害生物发生面积的 3%,天然林不少于发生面积的 0.2%,同一类型的标准地应尽可能有 3 次以上的重复。

具体设置标准参照《林业主要有害生物调查总则》(LY/T 2011—2012)和《林业检疫性有害生物调查总则》(GB/T 23617—2009)。

1. 林木病害调查

林木病害的发生程度通常以感病率、感病株率或者受害百分率表示。

1)叶部、枝梢部、果实病害调查

每块标准地面积 3 亩左右,标准地内寄主植物至少 30 株以上,每块标准地随机调查 30 株。以枝梢、叶片、果实为单位,随机抽取一定数量的枝条,统计枝梢、叶片、果实的感病率(或感病株率)。结果记入"叶部、枝梢部、果实病害指标标准地调查表"(见附录 1 附表 2)。

2)干部、根部病害调查

每块标准地面积 3 亩左右,标准地内寄主植物至少 30 株以上,每块标准地随机调查 30 株以上。对于树木死亡或生长不良而地上部分又没有明显危害症状的,应挖开根部进行调查。在标准地上,通常以植株为单位进行调查,统计健康、感病和死亡的植株数量,计算感病率。结果记入"干部、根部病虫害标准地调查表"(见附录 1 附表 3)。

2. 林木害虫调查

1)叶部、枝梢部、果实害虫调查

每块标准地面积 3 亩左右,标准地内寄主植物至少 30 株,在每块标准地内按常规抽样法抽查 30 株以上,按照每种食叶害虫或枝梢部调查统计标准,统计虫口密度,或目测叶部害虫危害树冠的严重程度。结果记入"叶部、枝梢部、果实害虫标准地调查表"(见附录 1 附表 4)。

2)蛀干害虫调查

每块标准地面积 3 亩左右,标准地内寄主植物至少 30 株,每块标准地随机抽样抽查 30 株以上。对于树木死亡或生长不良而地上部分又没有明显危害症状的,应挖开根部进行调查。在标准地上,通常以植株为单位进行调查,统计健康、受害的植株数量,计算受害株率。结果记入"干部、根部病虫害标准地调查表"(见附录1附表3)。

3)种实害虫调查

种实害虫调查主要在种子园、母树林和其他采种林分进行。通常750亩以下设1块标准地,750亩以上每增加150亩增设1块。每块标准地面积为1亩,按对角线抽样法抽查5株以上,每样株在树冠上、中、下不同部位采种实10~100个,解剖调查受害率。结果记入"种实害虫标准地调查表"(见附录1附表5)。

4)地下害虫调查

地下害虫调查主要在苗圃、退耕还林地、荒漠林以及其他新植林地进行,通常采用挖土坑法。同一类型林地设1块标准地,面积3亩左右,每块标准地土坑总数不少于3个。土坑大小一般为1 m×1 m(或0.5 m×0.5 m),挖坑自上而下,20 cm深为一层,分层挖土,检查记载每层土壤中的害虫种类、虫态及数量,土坑的深度以挖到无虫为止,统计害虫数量,计算受害株率。结果记入"干部、根部病虫害标准地调查表"(见附录1附表3)。

5)螨类调查

每块标准地面积3亩左右,标准地内寄主植物至少30株以上,在每块标准地内按常规抽样法抽查30株,参照"林业有害生物发生(危害)程度统计方法"(附录3)中的叶部害虫危害程度统计方法,统计被害株率,确定危害程度。结果记入"叶部、枝梢部、果实害虫标准地调查表"(见附录1附表4)。

3. 林业有害植物调查

每块标准地面积3亩左右。对于侵占林地的有害植物,调查其盖度;对于藤本攀缓类有害植物,调查其盖度或受害株率,确定危害程度。结果填入"有害植物标准地调查表"(见附录1附表6)。

4. 林业鼠(兔)害调查

害鼠(鼠兔):地下害鼠密度调查一般采用土丘系数法或切洞堵洞法,地上类鼠密度调查一般采用百夹日调查法,具体参照《森林害鼠(鼠兔)监测预报办法(试行)》(造防函〔2002〕13号)。

害兔:种群密度调查采用目测法(样带法)或丝套法,具体参照《林业兔害防治技术方案(试行)》(林造发〔2006〕38号)。

根据害鼠(兔)捕获率和林木受害情况统计害鼠(兔)发生程度,当多种统计方法的结果出现差异时,按"就高不就低"原则处理。

(三)辅助调查

适用于趋光性强和对引诱剂敏感的林业害虫调查。该调查方法不能取代标准地调查,可作为踏查的补充以及采集害虫标本的手段之一。辅助调查的结果填入"诱虫灯(引诱剂)调查记录表"(见附录1附表7)。

1.诱虫灯调查

诱虫灯调查可以用来确定优势种类。诱虫灯相关标准应符合《植物保护机械 虫情测报灯》(GB/T 24689.1—2009)和《植物保护机械 杀虫灯》(GB/T 24689.2—2017)。诱虫灯的布设、开灯时间以及诱捕时段和昆虫收集等具体方法参见《诱虫灯林间使用技术规范》(LY/T 1915—2010)以及产品使用说明书。

2.引诱剂调查

引诱剂调查可作为排查重大危险性林业有害生物是否传入的主要调查手段。根据引诱剂引诱害虫的有效距离,在林间挂放诱捕器(诱捕剂),并在引诱剂的有效期内进行诱捕害虫数量调查。具体使用方法可参见相关标准以及产品使用说明书。

3.生产和经营场所调查

1)苗(花)圃有害生物调查

在每个苗(花)圃的对角线上(或按照棋盘式)设置若干个样方(靠近圃地边缘的样方应距离边缘2~3 m)。样方累计面积不少于栽培面积的5%。样方大小根据苗木种类和苗龄而定。针叶树播种苗一般为0.1~0.5 m²,或以1~2 m长播种行作为一个样方;阔叶树苗的样方应在1 m²以上,每个样方上的苗木应在100株以上。按对角线抽样法(或棋盘式)抽取样株(针叶树播种苗300株以上、阔叶树苗100株以上)进行调查。对于大苗或绿化苗,可适当扩大样方面积与抽样比例。调查结果填入"苗(花)圃有害生物标准地调查记录表"(附表8)。

2）种实、果品、花卉有害生物调查

对于种实、果品、花卉的生产和经营场所（如种实库、果品库、果品、花卉交易市场），采用随机抽样法或机械抽样法抽取样品。抽样数量为货物总量的 0.5% ~ 5.0%。发现检疫性有害生物的应全部调查。调查结果填入"种实、果品、花卉、木材及其制品有害生物调查记录表"（见附录 1 附表 9）。

3）木材有害生物调查

对于木材及其制品的生产和经营场所，采用随机抽样法或机械抽样法抽取样品。数量在 50 m³ 以上的木材（含原木、橼材、板材、方材、木质包装材），抽取数量不少于木材总量的 5‰；数量在 50 m³ 以下的木材，抽取数量不少于木材总量的 1%；总量不足 5 m³ 的应全部调查。发现检疫性有害生物的应全部调查。调查结果填入"种实、果品、花卉、木材及其制品有害生物调查记录表"（见附录 1 附表 9）。

（四）标本采集和影像拍摄

1. 标本采集与保存

1）标本采集

本次普查要采集各类林业有害生物标本，特别是成套的生活史标本，应尽可能多采集标本。同一种标本至少采集 4 套（国家、省、市、县各保存 1 套）。对采集的标本进行分类，同时做好采集记录。

（1）昆虫标本。对发现的害虫标本，放入装有纯酒精、福尔马林等昆虫标本专用保存液的容器中，密封后放在冰箱冷藏保存，也为新种的后续分子生物学鉴定做好储备。

（2）病害标本。采集的病害标本要有完整的寄主植物受害部位，有转主寄主的，要准确采集转主植物及转移寄生症状，确保有害生物标本的完整性。

（3）标本标签编号。标本标签编号原则如下：

①采集标本记录由采集人员填写，同时写上编号、采集时间、地点、寄主植物、采集人姓名，放入存放容器，将标签系上，同时在记载表上登记。

②标本编号为 13 位数，前 6 位是所在县级行政区划代码，第 7~9

位为采集地点所在乡镇行政区代码,最后4位数是标本的流水编号。

③调查地点填写到林业小班或具体地点。

④植物名称要求填写该植物的通用中文名。

⑤同一采集时间、地点、寄主植物、采集人姓名,采集同一种有害生物,不论数量多少,为同一编号。

2)标本制作

所采集的昆虫标本应及时制作,掌握好最佳的制作时机,一般在毒死后立即做标本为最佳时刻,同时注意制作方法,不同种类、同一种类不同虫态制作标本时应注意采用不同的方法。病害标本应及时进行压制或浸渍保存,压制或浸渍的标本尽可能保持其原有性状,微小的标本可以制成玻片,如双层玻片、凹穴玻片或用其他小玻管小袋收藏。

3)标本保存

采集到的标本用以下方法保存:

(1)成虫:经毒瓶杀死的鳞翅目成虫(蛾蝶),放入事先制作的三角形纸袋内,其他各类成虫可放在棉花垫上晾干,再放入标本盒内保存。小型昆虫也可放入浸泡溶液内保存。

(2)卵、蛹、幼虫:可用浸泡法保存。浸泡液一般以75%的酒精为宜,如再加入0.5%~1%的甘油则更好,也可用5%福尔马林液保存。鳞翅目幼虫可待体内食物排出后,用沸水烫死,再浸入溶液内保存。

(3)虫瘿:可直接投入70%~75%酒精液中保存。

(4)被害状的采集:蛀干害虫在树皮下所蛀的有规律的虫道,应同害虫一起收集,压平晾干保存。被害的叶片,用蜡液醮叶保存。

2. 影像拍摄

(1)采集要求。影像资料采用数码照相机和数码摄像机拍摄。数码照相机具备微距功能,照片统一采用JPG格式,像素在1 000万以上;数码摄像统一采用PAL制式。影像作品要特征突出、图像清晰、色彩正确、景别别致。

(2)拍摄要求。拍摄林业有害生物的有关生物学、形态学以及危害状影像,注明拍摄人、寄主植物、拍摄时间和拍摄地点(乡镇级行政区)。

（3）保存要求。每次调查结束后应及时保存影像，并对影像进行命名。命名格式为："有害生物名称（虫害要求注明虫态）-寄主植物-采集省县乡-年月日-拍摄人"。示例：例如2020年7月23日在河南省滑县白道口采集的杨小舟蛾，编号为：杨小舟蛾（幼虫）-杨树-河南省滑县白道口镇-20200723-王丽。

对市级行政区发生面积在1万亩以上的林业有害生物种类以及2003年以来从国（境）外或省级行政区外传入的林业有害生物种类进行风险评估。具体风险分析指标体系参见《林业有害生物风险分析指标体系》（附录5）。对重要的普查种类进行风险性分析和评估，并对存在问题进行分析讨论，形成风险分析评估报告。

附 录

附录1 调查记录表

附表1 踏查记录表

县名称_____ 县代码_____ 乡镇名称_____ 乡镇代码_____

踏查路线编号_____ 调查面积_____

踏查点名称	地理坐标			林分组成	有害生物种类	寄主植物	危害部位	是否需要设置标准地	标准地编号	备注
	经度	纬度	海拔							

调查人: 调查时间: 年 月 日

填表说明：

1. 此表按踏查路线填写,每一踏查路线填写一张表,踏查点是踏查线路上的一个调查点。

2. 县名称和代码按《中华人民共和国行政区划代码》(GB/T 2260—2007)规定的内容填写。乡镇名称和代码按《县以下行政区划代码编码规则》(GB/T 10114—2003)执行。

3. 经度:格式为 EDDD°FF′MM. M″,其中"E"为"东经"的缩写,DDD 为度,FF 为分,MM. M 为秒;纬度:格式为 NDD°FF′MM. M″,其中"N"为"北纬"的缩写,DD 为度,FF 为分,MM. M 为秒;海拔:数据格式为保留 1 位小数的实数,单位为米(m)。

4. "林分组成"填写此林分的主要树种组成;"有害生物种类"填写在此踏查点发现的林业有害生物种类,可只填中文名,每种填一栏,若未发现有害生物,填"无";"寄主植物"填写植物的中文名称,寄主植物多时,可加附页;"危害部位"填写"干部、枝梢部、叶部、根部、种实"等;需要设置标准地调查的,在相应在栏内打"√",并记录标准地编号。

附表2 叶部、枝梢部、果实病害指标地调查表

县名称____ 县代码____ 乡镇名称____ 乡镇代码____ 标准地编号____
标准地所在小班(林班)_____ 标准地面积(亩)_____ 代表面积(亩)_____
经度: 纬度: 海拔:
病害名称____ 寄主植物____ 树龄__ 危害部位____ 对应照片编号_____
发生危害程度:轻度/中度/重度 成灾情况:是/否 是否外来:是/否

样株编号	调查数	感病数	样株编号	调查数	感病数	样株编号	调查数	感病数
1			11			21		
2			12			22		
3			13			23		
4			14			24		
5			15			25		
6			16			26		
7			17			27		
8			18			28		
9			19			29		
10			20			30		
调查数合计			感病数合计					
感病(株)率/%								
备注								

调查人: 调查时间: 年 月 日

填表说明：

1. 实行一病一表。

2. 此表为每一病害标准地详查所发现的虫害记录表。标准地编号和踏查记录表中的标准地编号一致。

3. 县名称和代码按《中华人民共和国行政区划代码》(GB/T 2260—2007)规定的内容填写;乡镇名称和代码按《县以下行政区划代码编码规则》(GB/T 10114—2003)执行。

4. 经度:格式为 EDDD°FF′MM.M″,其中"E"为"东经"的缩写,DDD 为度,FF 为分,MM.M 为秒;纬度:格式为 NDD°FF′MM.M″,其中"N"为"北纬"的缩写,DD 为度,FF 为分,MM.M 为秒;海拔:数据格式为保留 1 位小数的实数,单位为米(m)。

5. "寄主植物"填写植物的中文名称;"危害部位"填写"叶部、枝梢部、果实";"发生(危害)程度"只能选择轻、中、重中的一种;"发生(危害)程度""成灾情况""是否外来"根据调查结果在对应字处打"√"。

6. 若为 2003 年以后发现的从国(境)外或从省级行政区外传入的林业有害生物,务必在备注一栏填入其传入地、发现时间、传入途径,以及对当地经济、生态、社会的影响等。

附表3 干部、根部病虫害标准地调查表

县名称＿＿＿ 县代码＿＿ 乡镇名称＿＿ 乡镇代码＿＿ 标准地编号＿＿

标准地所在小班(林班)＿＿ 标准地面积(亩)＿＿ 代表面积(亩)＿＿

经度： 纬度： 海拔：

病害名称＿＿ 寄主植物＿＿ 树龄＿ 危害部位＿＿ 对应照片编号＿＿

发生危害程度:轻度/中度/重度 成灾情况:是/否 是否外来:是/否

取样编号	是否受害	取样编号	是否受害	备注
1		16		
2		17		
3		18		
4		19		
5		20		
6		21		
7		22		
8		23		
9		24		
10		25		
11		26		
12		27		
13		28		
14		29		
15		30		
感病(受害)株率/%				

调查人： 调查时间： 年 月 日

填表说明：

1. 实行一病一虫一表。

2. 此表为每一虫害标准地详查所发现的虫害记录表。标准地编号和踏查记录表中的标准地编号一致。

3. 县名称和代码按《中华人民共和国行政区划代码》(GB/T 2260—2007)规定的内容填写；乡镇名称和代码按《县以下行政区划代码编码规则》(GB/T 10114—2003)执行。

4. 经度：格式为 EDDD°FF′MM. M″，其中"E"为"东经"的缩写，DDD 为度，FF 为分，MM. M 为秒；纬度：格式为 NDD°FF′MM. M″，其中"N"为"北纬"的缩写，DD 为度，FF 为分，MM. M 为秒；海拔：数据格式为保留 1 位小数的实数，单位为米(m)。

5. "寄主植物"填写植物的中文名称；"危害部位"填写"干部、根部"；"发生(危害)程度"只能选择轻、中、重中的一种；"发生(危害)程度""成灾情况""是否外来"根据调查结果在对应字处打"√"。

6. 若为 2003 年以后发现的从国(境)外或从省级行政区外传入的林业有害生物，务必在备注一栏填入其传入地、发现时间、传入途径，以及对当地经济、生态、社会的影响等。

附表4　叶部、枝梢部、果实害虫标准地调查表

县名称____ 县代码____ 乡镇名称____ 乡镇代码____ 标准地编号____

标准地所在小班(林班)____ 标准地面积(亩)____ 代表面积(亩)____

经度：　　　　纬度：　　　　海拔：

虫害名称____ 寄主植物____ 树龄__ 危害部位____ 对应照片编号____

发生危害程度:轻度/中度/重度　成灾情况:是/否　　　是否外来:是/否

样株编号	调查数	被害数	虫口数										备注
			卵块数	幼虫数							蛹(头)	成虫	
				小计	1龄	2龄	3龄	4龄	5龄				
1													
2													
3													
4													
5													
6													
7													
8													
9													
10													
⋮													
合计													
平均虫口密度				受害率/%									

调查人：　　　　　　　调查时间：　　年　　月　　日

填表说明：

1. 实行一虫一表。

2. 此表为每一虫害标准地详查所发现的虫害记录表。标准地编号和踏查记录表中的标准地编号一致。

3. 县名称和代码按《中华人民共和国行政区划代码》（GB/T 2260—2007）规定的内容填写；乡镇名称和代码按《县以下行政区划代码编码规则》（GB/T 10114—2003）执行。

4. 经度：格式为 EDDD°FF′MM. M″，其中"E"为"东经"的缩写，DDD 为度，FF 为分，MM. M 为秒；纬度：格式为 NDD°FF′MM. M″，其中"N"为"北纬"的缩写，DD 为度，FF 为分，MM. M 为秒；海拔：数据格式为保留 1 位小数的实数，单位为米（m）。

5. "寄主植物"填写植物的中文名称；"危害部位"填写"叶部"；"发生（危害）程度"只能选择轻、中、重中的一种；"发生（危害）程度""成灾情况""是否外来"根据调查结果在对应字处打"√"。

6. 若为 2003 年以后发现的从国（境）外或从省级行政区外传入的林业有害生物，务必在备注一栏填入其传入地、发现时间、传入途径，以及对当地经济、生态、社会的影响等。

附表5　种实害虫标准地调查表

县名称＿＿＿＿　县代码＿＿＿＿　乡镇名称＿＿＿＿　乡镇代码＿＿＿＿　标准地编号＿＿＿＿

标准地所在小班(林班)＿＿＿＿＿　标准地面积(亩)＿＿＿＿＿　代表面积(亩)＿＿＿＿＿

经度：　　　　纬度：　　　　海拔：

虫害名称＿＿＿＿＿　寄主植物＿＿＿＿＿　树龄＿＿＿＿＿　对应照片编号＿＿＿＿＿＿

发生危害程度:轻度/中度/重度　成灾情况:是/否　　　是否外来:是/否

取样编号	采样数	受害数	备注
1			
2			
3			
4			
5			
合计			
受害率/%			

调查人：　　　　　　　　　　调查时间：　　　　年　　月　　日

填表说明：

1. 实行一虫一表。

2. 此表为每一虫害标准地详查所发现的虫害记录表。标准地编号和踏查记录表中的标准地编号一致。

3. 县名称和代码按《中华人民共和国行政区划代码》（GB/T 2260—2007）规定的内容填写；乡镇名称和代码按《县以下行政区划代码编码规则》（GB/T 10114—2003）执行。

4. 经度：格式为 EDDD°FF′MM.M″，其中"E"为"东经"的缩写，DDD 为度，FF 为分，MM.M 为秒；纬度：格式为 NDD°FF′MM.M″，其中"N"为"北纬"的缩写，DD 为度，FF 为分，MM.M 为秒；海拔：数据格式为保留 1 位小数的实数，单位为米（m）。

5. "寄主植物"填写植物的中文名称；"发生（危害）程度"只能选择轻、中、重中的一种；"发生（危害）度""成灾情况""是否外来"根据调查结果在对应字处打"√"。

6. 若为 2003 年以后发现的从国（境）外或从省级行政区外传入的林业有害生物，务必在备注一栏填入其传入地、发现时间、传入途径，以及对当地经济、生态、社会的影响等。

附表6　有害植物标准地调查表

县名称____　县代码____　乡镇名称____　乡镇代码____　标准地编号____

标准地所在小班(林班)_____　标准地面积(亩)_____　代表面积(亩)_____

经度：　　　　纬度：　　　　海拔：

虫害名称_____　寄主植物_____　树龄_____　对应照片编号_____

发生危害程度:轻度/中度/重度　成灾情况:是/否　　是否外来:是/否

标准地编号	有害植物			寄主植物			
	名称	覆盖面积	盖度/%	名称	调查株数	受害株数	受害株率/%

调查人：　　　　　　　　调查时间：　　　年　　月　　日

填表说明：

1. 实行一虫一表。

2. 此表为每一虫害标准地详查所发现的虫害记录表。标准地编号和踏查记录表中的标准地编号一致。

3. 县名称和代码按《中华人民共和国行政区划代码》（GB/T 2260—2007）规定的内容填写；乡镇名称和代码按《县以下行政区划代码编码规则》（GB/T 10114—2003）执行。

4. 经度：格式为 EDDD°FF′MM. M″，其中"E"为"东经"的缩写，DDD 为度，FF 为分，MM. M 为秒；纬度：格式为 NDD°FF′MM. M″，其中"N"为"北纬"的缩写，DD 为度，FF 为分，MM. M 为秒；海拔：数据格式为保留 1 位小数的实数，单位为米（m）。

5. "寄主植物"填写植物的中文名称；"发生（危害）程度"只能选择轻、中、重中的一种；"发生（危害）度""成灾情况""是否外来"根据调查结果在对应字处打"√"。

6. 若为 2003 年以后发现的从国（境）外或从省级行政区外传入的林业有害生物，务必在备注一栏填入其传入地、发现时间、传入途径，以及对当地经济、生态、社会的影响等。

附表7　诱虫灯(引诱剂)调查记录表

县名称_____　县代码_____　乡镇名称_____　乡镇代码_____

诱虫灯(引诱剂)所在小班(林班)_____　林分类型_____

主要树种_____　林分面积_____

经度_____　　纬度_____　　海拔_____

昆虫名称	诱虫数量/头			备注
	合计	雌	雄	

调查人：　　　　　　　调查时间：　　　年　　月　　日

填表说明：

1. 此表为每一诱虫灯(引诱剂)所诱捕的所有昆虫记录表。该表统计周围林分的虫情,在主要有害生物每1代发生危害时调查1次,每诱虫灯(引诱剂)只填一张表。

2. 县名称和代码按《中华人民共和国行政区划代码》(GB/T 2260—2007)规定的内容填写;乡镇名称和代码按《县以下行政区划代码编码规则》(GB/T 10114—2003)执行。

3. 经度:格式为 EDDD°FF′MM.M″,其中"E"为"东经"的缩写,DDD 为度,FF 为分,MM.M 为秒;纬度:格式为 NDD°FF′MM.M″,其中"N"为"北纬"的缩写,DD 为度,FF 为分,MM.M 为秒;海拔:数据格式为保留1位小数的实数,单位为米(m)。

4. 林分类型为人工林、天然林或混交林。

5. 备注一栏记载天气、灯具、引诱剂变动等异常情况。

附表 8　苗(花)圃有害生物标准地调查记录表

县名称＿＿＿＿　县代码＿＿＿＿　乡镇名称＿＿＿＿　乡镇代码＿＿＿＿

场所名称＿＿＿＿＿　苗(花)圃面积(亩)＿＿＿＿＿　样方面积＿＿＿＿

抽样数量＿＿＿＿＿＿　　　　　　　　对应照片编号＿＿＿＿＿＿

经度：　　　　　纬度：　　　　　海拔：　　　种苗来源：

有害生物名称	虫态或世代	寄主植物名称	寄主植物面积	危害部位	调查株数	受害株数	受害率/%	发生(危害)程度			
								轻度以下	轻度	中度	重度
病虫害症状、危害情况、发生原因等概述											
备注											

调查人：　　　　　调查日期：　　　年　月　日

填表说明：

1.此表为每一苗(花)圃调查发现的所有有害生物记录表。

2.县名称和代码按《中华人民共和国行政区划代码》(GB/T 2260—2007)规定的内容填写；乡镇名称和代码按《县以下行政区划代码编码规则》(GB/T 10114—2003)执行。

3.经度：格式为 EDDD°FF′MM.M″,其中"E"为"东经"的缩写, DDD 为度,FF 为分,MM.M 为秒；纬度：格式为 NDD°FF′MM.M″,其中 "N"为"北纬"的缩写,DD 为度,FF 为分,MM.M 为秒；海拔：数据格式为保留 1 位小数的实数,单位为米(m)。

4."有害生物种类"填写在此场所调查的所有林业有害生物种类, 可只填中文名,每种填一栏；"寄主植物"填写植物的中文名称,植物种类多时,可加附页；"危害部位"填写"干部、枝梢部、叶部、根部、种实"等；"发生(危害)程度"只填一种,在相应级别下打"√"。

5.若为 2003 年以后发现的从国(境)外或本省级行政区外传入的林业有害生物,务必在备注一栏填入其传入地、发现时间、传入途径,以及对当地经济、生态、社会的影响等。

附表9　种实、果品、花卉、木材及其制品有害生物调查记录表

县名称_____　县代码_____　乡镇名称_____　乡镇代码_____

场所名称：_____　库存(m³、件、张、kg、株等)：_____

抽样数量(m³、件、张、kg、株等)：_____

经度：_____　纬度：_____　海拔：_____　对应照片编号_____

有害生物种类	寄主植物	寄主类型	危害数量/(m³、件、张、kg、株等)	代表数量/(m³、件、张、kg、株等)	发生(危害)程度				备注
					轻度以下	轻	中	重	

调查人：_____　　调查日期：_____年____月____日

填表说明：

1. 此表为每一种实、果品、花卉、木材及其制品的生产和经营场所调查发现的所有有害生物记录表。

2. 县名称和代码：按《中华人民共和国行政区划代码》（GB/T 2260—2007）规定的内容填写；乡镇名称和代码，按《县以下行政区划代码编码规则》（GB/T 10114—2003）执行。

3. 经度：格式为 EDDD°FF′MM. M″，其中"E"为"东经"的缩写，DDD 为度，FF 为分，MM. M 为秒；纬度：格式为 NDD°FF′MM. M″，其中"N"为"北纬"的缩写，DD 为度，FF 为分，MM. M 为秒；海拔：数据格式为保留 1 位小数的实数，单位为米（m）。

4. "有害生物种类"填写在此场所调查的所有林业有害生物种类，可只填中文名，每种填一栏；"寄主植物"填写植物的中文名称，植物种类多时，可加附页；"寄主类型"填写种实、果品、花卉、原木、板材、方材或电缆盘等木质包装材料；"危害数量"为抽查所发现危害的数量，"代表数量"等于危害数量除以抽样比例；"发生（危害）程度"只填一种，在相应级别下打"√"。

5. 若为 2003 年以后发现的从国（境）外或从省级行政区外传入的林业有害生物，务必在备注一栏填入其传入地、发现时间、传入途径，以及对当地经济、生态、社会的影响等。

附录2　林业有害生物发生(危害)程度标准

序号	种类	调查阶段	统计单位	发生(危害)程度		
				轻	中	重
1	落叶松毛虫 *Dendrolimus superans* (Butler)	幼虫	条/株	20~40	41~70	71以上
2	马尾松毛虫 *Dendrolimus punctatus* Walker	幼虫	虫情级	2~3	4~6	7以上
			条/株	5~13	14~30	31以上
3	油松毛虫 *Dendrolimus tabulaeformis* Tsai et Liu	幼虫	条/株	10~20	21~40	41以上
4	蜀柏毒蛾 *Parocneria orienta* Chao	卵	粒/株	50~200	201~400	401以上
		幼虫	条/株	5~15	16~30	31以上
5	云南木蠹象 *Pissodes yunnanensis* Longor and Zhang	幼虫	有虫株率/%	5~10	11~30	31以上
6	红脂大小蠹* *Dendroctonus valens* Le Conte	幼虫、成虫	有虫株率/%	2~6	7~12	13以上
7	云南纵坑切梢小蠹 *Tomicus* n. sp	成虫	枝梢被害率	10~20	21~50	51以上
8	松纵坑切梢小蠹 *Tomicus piniperda* L.	成虫	枝梢被害率	5~10	11~20	21以上

续表

序号	种类	调查阶段	统计单位	发生(危害)程度		
				轻	中	重
9	萧氏松茎象(幼林) *Hylobitelus xiaoi* Zhang	幼虫	有虫株率/%	5~10	11~30	31 以上
10	松墨天牛 *Monochamus alternatus* Hope	幼虫	有虫株率/%	5~10	11~24	25 以上
11	日本松干蚧 *Matsucoccus matsumurae* (Kuwana)	固定若虫	头/10 cm^2	0.5~2	2.1~6.9	7 以上
12	松突圆蚧 *Hemiberlesia pitysophila* Takagi	雌蚧	枝梢被害率	5~10	11~30	31 以上
13	湿地松粉蚧 *Oracella acuta* (lobdell) Ferris	雌蚧	枝梢被害率	10~19	20~49	50 以上
14	春尺蠖 *Apocheima cinerarius* Erschoff	蛹	头/株	1~3	4~6	7 以上
		幼虫	条/50 cm 标准枝	2~4	5~8	9 以上
15	杨毒蛾 *Stilpnotia candida* Staudinger	幼虫	条/50 cm 标准枝	1~4	5~8	9 以上
16	柳毒蛾 *Stilpnotia salicis* (L.)	幼虫	条/50 cm 标准枝	1~4	5~8	9 以上

续表

序号	种类	调查阶段	统计单位	发生(危害)程度		
				轻	中	重
17	杨小舟蛾 *Micromelalopha troglodyta* (Graeser)	蛹	头/株	5~10	11~20	21 以上
		幼虫	条/50 cm 标准枝	2~5	6~10	11 以上
18	杨扇舟蛾 *Clostera anachoreta* (Fabricius)	幼虫	条/50 cm 标准枝	7~10	11~15	16 以上
19	美国白蛾* *Hyphantria cunea* (Drury)	幼虫	有虫株率/%	0.1~2	2.1~5	5.1 以上
20	黄褐天幕毛虫 *Malacosoma neustria testacea* Motschulsky	卵	粒/株	50~100	101~200	201 以上
		幼虫	条/株	20~40	41~100	101 以上
21	光肩(黄斑)星天牛 *Anoplophora glabripennis* (Motsch)	幼虫	有虫株率/%	5~9	10~20	21 以上
22	青杨天牛 *Saperda populnea* L.	虫瘿	个/m 标准枝	0.2~0.3	0.4~0.6	0.7 以上
23	桑天牛 *Apriona germari* (Hope)	幼虫	条/株	0.5~1	1.1~1.9	2 以上
			有虫株率/%	2~5	6~9	10 以上
24	杨干象*(幼林) *Cryptorrhynchus lapathi* L.	幼虫	有虫株率/%	2~5	6~15	16 以上

续表

序号	种类	调查阶段	统计单位	发生(危害)程度		
				轻	中	重
25	白杨透翅蛾(幼林) *Parathrene tabaniformis* Rottenberg	幼虫	有虫株率/%	2~5	6~15	16 以上
26	青杨脊虎天牛* *Xylotrechus rusticus* L.	幼虫	有虫株率/%	1~4	5~10	11 以上
27	大袋蛾 *Clania variegata* Snellen	虫袋	活虫/株	0.5~2	2.1~6	6.1 以上
		幼虫	条/百叶	3~7	8~15	16 以上
28	苹果蠹蛾* *Laspeyresia pomonella* (L.)	幼虫	有虫株率/%	2~3	4~5	6 以上
29	蔗扁蛾 *Opogona sacchari* (Bojer)	幼虫	有虫株率/%	3~5	6~10	11 以上
30	黄脊竹蝗 *Ceracris kiangsu* Tsai	跳蝻	头/m²	2~5	6~20	21 以上
		跳蝻、 成虫	头/株	5~15	16~30	31 以上
31	椰心叶甲 *Brontispa longissima* (Gestro)	幼虫、 成虫	有虫株率/%	3~5	6~10	11 以上
32	锈色棕榈象* *Rhyncnophorus ferrugineus* Oliu	幼虫	有虫株率/%	3~5	6~10	11 以上

续表

序号	种类	调查阶段	统计单位	发生(危害)程度		
				轻	中	重
33	刺桐姬小蜂 Quadrastichus erythrinae Kim	幼虫	有虫株率/%	1~4	5~10	11以上
34	双钩异翅长蠹* Heterobostrychus aequalis (Waterhouse)	幼虫、成虫	有虫株率/%	1~4	5~10	11以上
35	枣大球蚧 Eulecanium gigantean (shinji)		叶片受害率/%	5~10	11~35	36以上
36	沙棘木蠹蛾 Holcocerus hippophaecolus Hua et Chou	幼虫	有虫株率/%	10~30	31~70	71以上
37	种实害虫 cone and seeds		种实被害率/%	5~9	10~19	20以上
38	松针褐斑病 Lecanosticta acicola		感病指数	5~20	21~40	41以上
39	落叶松枯梢病* Guignardia laricina (Sawada) Yamamoto et K. Ito		感病指数	5~20	21~40	41以上
40	松材线虫病* Bursaphelenchus xylophilus Nickle		感病株率/%	1以下	1.1~2.9	3以上

续表

序号	种类	调查阶段	统计单位	发生(危害)程度		
				轻	中	重
41	松疱锈病* *Cronartium ribicola* Fischer ex Rabenhorst		感病株率/%	3~5	6~10	11 以上
42	杨树溃疡病 *Dothiorella gregaria* Sacc		感病株率/%	5~10	11~20	21 以上
43	杨树烂皮病 *Valsa sordida* Nit		感病株率/%	5~10	11~20	21 以上
44	泡桐丛枝病 Mycoplasma-Like- Organism		感病株率/%	10~20	21~40	41 以上
45	猕猴桃细菌性溃疡病 *Pseudomonas syringae* pv. Actinidiea Takikawa et al.		感病株率/%	3~5	6~10	11 以上
46	冠瘿病 *Agrobacterium tumefaciens* (Smith and Townsend) Conn.		感病株率/%	3~5	6~10	11 以上
47	杨树花叶病 Poplar Mosaic Virus		感病株率/%	3~5	6~10	11 以上
48	草坪草褐斑病 *Rhizoctonia solani*		感病株率/%	3~5	6~10	11 以上
49	鼠兔 *Ochotona* spp.		受害株率/%	3~10	11~20	21 以上

续表

序号	种类	调查阶段	统计单位	发生(危害)程度		
				轻	中	重
50	田鼠 *Microtus* spp.		受害株率/%	1~5	6~15	16 以上
51	鼢鼠 *Eospalax* spp.		受害株率/%	5~15	16~24	25 以上
52	薇甘菊*(新发区) *Mikania micrantha* H. B. K		盖度/%	1~5	6~20	21 以上
	薇甘菊*(旧发区) *Mikania micrantha* H. B. K		盖度/%	10~30	31~60	61 以上
53	紫茎泽兰 *Eupatorium adenophorum* Spreng		盖度/%	10~30	31~60	61 以上
54	飞机草 *Eupatorium odoratum*		盖度/%	20~30	31~60	61 以上
55	加拿大一枝黄花 *Solidago canadensis* L.		盖度/%	1~5	6~20	21 以上
56	金钟藤 *Merremia boisiana*		盖度/%	20~40	41~60	61 以上

注:1. 表中带有"＊"号的为林业检疫性有害生物。

2. 表中所列的林业检疫性有害生物的发生(危害)程度标准不包括新发区(除非特别注明),新发区的发生(危害)程度指标的界定按检疫规程的有关要求另行规定。

3. 表中除非特别注明,均为成林发生(危害)程度标准,幼林的发生(危害)程度的标准在此基础上相应降低 1/3。

4. 幼林和成林的界定,各地可按不同的树种结合当地的实际情况进行划分。

5. 表中的统计单位有一个以上的指标时,根据不同的时期、不同的调查方法达到一个指标即可。

附录3　林业有害生物发生(危害)程度统计方法

a. 叶部害虫危害程度分级

叶部害虫是指危害树木叶子的害虫。

叶部害虫危害程度分级标准

受害程度	轻度	中度	重度	备注
叶子受害率 x/%	$0<x\leqslant20$	$20<x\leqslant50$	$x>50$	

b. 枝梢害虫危害程度分级

枝梢害虫是指危害枝梢的害虫(不包括蛀干性害虫)。

枝梢害虫危害程度分级标准

受害程度	轻度	中度	重度	备注
枝梢受害率 x/%	$0<x\leqslant20$	$20<x\leqslant50$	$x>50$	
受害株率 y/%	$0<y\leqslant20$	$20<y\leqslant50$	$y>50$	

c. 蛀干害虫危害程度分级

蛀干害虫是指钻蛀树干的害虫。

蛀干害虫危害程度分级标准

受害程度	轻度	中度	重度	备注
树干受害率 y/%	$0<y\leqslant10$	$10<y\leqslant20$	$y>20$	

d. 种实害虫危害程度分级

种实害虫是指危害林木种子、果实的害虫。

种实害虫危害程度分级标准

受害程度	轻度	中度	重度	备注
种实受害率 x/%	$0<x\leqslant10$	$10<x\leqslant20$	$x>20$	

e. 地下害虫危害程度分级

地下害虫是指在土壤中危害林木根部的害虫。

地下害虫危害程度分级标准

受害程度	轻度	中度	重度	备注
受害株率 y/%	$0<y\leqslant1$	$1<y\leqslant10$	$y>10$	

f. 叶部病害危害程度分级

叶部病害是指危害林木叶子的病害。

叶部病害危害程度分级标准

受害程度	轻度	中度	重度	备注
叶子受害率 x/%	$0<x\leqslant30$	$30<x\leqslant60$	$x>60$	

g. 枝梢病害危害程度分级

枝梢病害是指危害林木枝梢的病害。

枝梢病害危害程度分级标准

受害程度	轻度	中度	重度	备注
枝梢受害率 x/%	$0<x\leqslant20$	$20<x\leqslant50$	$x>50$	
受害株率 y/%	$0<y\leqslant20$	$20<y\leqslant50$	$y>50$	

h. 树干、根部病害危害程度分级

树干、根部病害是指危害林木树干、根部的病害。

树干、根部病害危害程度分级标准

受害程度	轻度	中度	重度	备注
树干、根部受害率 y/%	$0<y\leqslant10$	$10<y\leqslant20$	$y>20$	

i. 鼠类有害生物危害程度分级

鼠类有害生物是指危害树干、树梢、树根和种实等的害鼠(鼠兔)。

鼠类有害生物危害程度分级标准

受害程度	沙鼠			其他鼠类			备注
	轻度	中度	重度	轻度	中度	重度	
受害株率 $y/\%$	$0<y\leqslant30$	$30<y\leqslant60$	$y>60$	$0<y\leqslant10$	$10<y\leqslant20$	$y>20$	
死亡株率 $x/\%$	$0<x\leqslant15$	$15<x\leqslant30$	$x>30$	$0<x\leqslant4$	$4<x\leqslant10$	$x>10$	

j. 兔类有害生物危害程度分级

兔类有害生物指对林木造成危害的野兔类。

兔类有害生物危害程度分级标准

受害程度	轻		中		重	
	针叶林	阔叶林	针叶林	阔叶林	针叶林	阔叶林
被害株率/%	<10	<15	10~20	15~30	>20	>30
死亡株率/%	<5		5~10		>10	

k. 木材类有害生物危害程度分级

木材类有害生物是指危害木材的害虫和微生物。

木材类有害生物危害程度分级标准

受害程度	轻度	中度	重度	备注
阔叶树	边材无腐朽,心材小头无腐朽,大头腐朽小于1%;无害虫蛀孔,仅在树皮下危害	边材腐朽1%~10%;心材腐朽1%~16%;任意1 m材长蛀孔1~5个	边材腐朽10%以上;心材腐朽16%以上;任意1 m材长蛀孔6个以上	
针叶树	边材无腐朽,心材小头无腐朽,大头腐朽小于1%;无害虫蛀孔,仅在树皮下危害	边材腐朽1%~10%;心材腐朽1%~16%;任意1 m材长蛀孔1~20个	边材腐朽10%以上;心材腐朽16%以上;任意1 m材长蛀孔21个以上个	

i.有害植物危害程度分级

有害植物是指侵害林地和寄生于林木的有害植物。

有害植物危害程度分级标准

轻度	中度	重度	备注
侵害林地型:盖度小于5%。攀缘林木型:受害株率小于20%,盖度小于20%	侵害林地型:盖度达5%~20%。攀缘林木型:受害株率20%~30%,盖度达20%~60%	侵害林地型:盖度大于20%。攀缘林木型:受害株率大于30%,盖度达大于60%	

注:本附件表中的统计单位有一个以上的指标时,根据不同的时期、不同的调查方法达到一个指标即可。

附录4　主要林业有害生物成灾标准
（林造发〔2012〕26号）

表1

种类	成灾指标		
	危害程度	受害株率/%	林木死亡株率/%
松材线虫病	出现感染病株		
美国白蛾	失叶率20%以上	2以上	
鼠（兔）		25以上	10以上（幼树）
薇甘菊			3以上

表2

种类		成灾指标		
		危害程度	受害株(梢)率/%	林木死亡株率/%
检疫性有害生物	叶部害虫	失叶率40%以上		5以上
	钻蛀性害虫		15以上	5以上
	叶部病害	感病率40%以上		5以上
	干部病害		20以上	5以上
	有害植物			5以上
非检疫性有害生物	叶部害虫	失叶率60%以上		10以上
	钻蛀性害虫		20以上	10以上
	叶部病害	感病率60%以上		10以上
	干部病害		30以上	10以上
	有害植物			10以上

注：表1、表2的"成灾指标"中，同一类(种)有一个以上指标时，符合其中一个指标即为成灾。

指标界定与有关说明

1. 受害株率:指单位面积上林木遭受有害生物危害的株数占调查株数的百分比。

2. 受害梢率:指单位面积上林木主梢遭受有害生物危害的株数占调查株数的百分比。灌木可按丛调查。

3. 林木死亡株率:指单位面积上林木遭受有害生物危害致死的株数占调查株数的百分比。

4. 失叶率:指遭受叶部害虫危害的林分,单位面积上整体树冠叶片损失量占全部叶片量的百分比。

5. 感病率:指遭受叶部病害危害的林分,单位面积上感病的叶片量占全部叶片量的百分比。

6. 检疫性有害生物:指列入国家林业局发布的全国林业检疫性有害生物名单中的有害生物种类。

7. 成灾面积统计。成灾面积的统计以森林资源小班为统计单元,以亩为最小统计单位。农田林网和"四旁"等散生木的成灾面积统计,可参照当地标准,将受害株数折合成面积后计入成灾面积。同一小班,如果有 2 种以上有害生物的危害程度达到成灾标准,统计成灾面积时,只统计其中 1 种,不重复计算。

8. 林业有害生物成灾情况的调查时间和调查方法,按照国家林业局发布的有关文件、规程、标准执行。

附录5　林业有害生物风险分析指标体系

表1　林业危险性有害生物(病、虫)风险分析指标体系

目标层	准则层 P_i	指标层 P_{ij}	评判指标	赋分区间	权重
有害生物风险综合评价值 R	国内分布情况 P_1	国内分布情况 P_{11}	有害生物分布面积占其寄主(包括潜在的寄主)面积的百分率<5%	2.01~3.00	等权
			5%≤有害生物分布面积占其寄主(包括潜在的寄主)面积的百分率<20%	1.01~2.00	
			20%≤有害生物分布面积占其寄主(包括潜在的寄主)面积的百分率<50%	0.01~1.00	
			有害生物分布面积占其寄主(包括潜在的寄主)面积的百分率≥50%	0	
	传入、定殖和扩散的可能性 P_2	有害生物被截获的可能性 P_{21}	寄主植物、产品调运的可能性和携带有害生物的可能性都大	2.01~3.00	等权
			寄主植物、产品调运的可能性大,携带有害生物的可能性小,或寄主植物、产品调运可能性小,携带有害生物的可能性大	1.01~2.00	
			寄主植物、产品调运的可能性和携带有害生物的可能性都小	0.01~1.00	
		运输过程中有害生物存活率 P_{22}	存活率≥40%	2.01~3.00	
			10%≤存活率<40%	1.01~2.00	
			存活率<10%	0~1.00	
		有害生物的适生性 P_{23}	繁殖能力和抗逆性都强	2.01~3.00	
			繁殖能力强、抗逆性弱,或繁殖能力弱、抗逆性强	1.01~2.00	
			繁殖能力和抗逆性都弱	0.01~1.00	

续表1

目标层	准则层 P_i	指标层 P_{ij}	评判指标	赋分区间	权重
有害生物风险综合评价值 R	传入、定殖和扩散的可能性 P_2	自然扩散能力 P_{24}	随介体携带扩散能力或自身扩散能力强	2.01~3.00	等权
			随介体携带扩散能力或自身扩散能力一般	1.01~2.00	
			随介体携带扩散能力或自身扩散能力弱	0.01~1.00	
		国内适生范围 P_{25}	≥50%的地区能够适生	2.01~3.00	
			25%≤能够适生的地区<50%	1.01~2.00	
			<25%的地区能够适生	0.01~1.00	
	潜在危害性 P_3	潜在经济危害性 P_{31}	如传入可造成的树木死亡率或产量损失≥20%	2.01~3.00	0.40
			20%>如传入可造成的树木死亡率或产量损失≥5%	1.01~2.00	
			5%>如传入可造成的树木死亡率或产量损失≥1%	0.01~1.00	
			如传入可造成的树木死亡率或产量损失<1%	0	
		非经济方面的潜在危害性 P_{32}	潜在环境、生态、社会影响大	2.01~3.00	0.40
			潜在环境、生态、社会影响中等	1.01~2.00	
			潜在环境、生态、社会影响小	0.01~1.00	
		官方重视程度 P_{33}	曾被列入我国植物检疫性有害生物名录	2.01~3.00	0.20
			曾被列入省(区、市)补充林业检疫性有害生物名单	1.01~2.00	
			曾被列入我国林业危险性有害生物名单	0.01~1.00	
			从未列入以上名单	0	

续表1

目标层	准则层 P_i	指标层 P_{ij}	评判指标	赋分区间	权重
有害生物风险综合评价值 R	受害寄主经济重要性 P_4	受害寄主的种类 P_{41}	10种以上	2.01~3.00	等权
			5~9种	1.01~2.00	
			1~4种	0.01~1.00	
		受害寄主的分布面积或产量 P_{42}	分布面积广或产量大	2.01~3.00	
			分布面积中等或产量中等	1.01~2.00	
			分布面积小或产量有限	0.01~1.00	
		受害寄主的特殊经济价值 P_{43}	经济价值高,社会影响大	2.01~3.00	
			经济价值和社会影响都一般	1.01~2.00	
			经济价值低,社会影响小	0.01~1.00	
	危险性管理难度 P_5	检疫识别的难度 P_{51}	当场识别可靠性低、费时,由专家才能识别确定	2.01~3.00	等权
			当场识别可靠性一般,由经过专门培训的技术人员才能识别	1.01~2.00	
			当场识别非常可靠,简便快速,一般技术人员就可掌握	0~1.00	
		除害处理的难度 P_{52}	常规方法不能杀死有害生物	2.01~3.00	
			常规方法的除害效率<50%	1.01~2.00	
			50%≤常规方法的除害效率≤100%	0~1.00	
		根除的难度 P_{53}	效果差,成本高,难度大	2.01~3.00	
			效果好,成本低,简便易行	0~1.00	
			介于二者之间	1.01~2.00	

表2 林业有害植物风险分析指标体系

目标层	准则层 P_i	指标层 P_{ij}	评判指标	赋分区间	权重
有害植物风险综合评价值 R	国内分布情况 P_1	国内分布情况 P_{11}	有害植物分布面积占其适生面积的百分率<5%	2.01~3.00	等权
			5%≤有害植物分布面积占其适生面积的百分率<20%	1.01~2.00	
			20%≤有害植物分布面积占其适生面积的百分率<50%	0.01~1.00	
			有害植物分布面积占其适生面积的百分率≥50%	0	
	传入、定殖和扩散的可能性 P_2	有害植物被截获的可能性 P_{21}	被调运和携带繁殖体的可能性都大	2.01~3.00	等权
			被调运和携带繁殖体的可能性一般	1.01~2.00	
			被调运和携带繁殖体的可能性都小	0.01~1.00	
		运输过程中种子存活率 P_{22}	存活率≥40%	2.01~3.00	
			10%≤存活率<40%	1.01~2.00	
			存活率<10%	0~1.00	
		自然扩散能力 P_{23}	随介体携带扩散能力或自身扩散能力强	2.01~3.00	
			随介体携带扩散能力或自身扩散能力一般	1.01~2.00	
			随介体携带扩散能力或自身扩散能力弱	0.01~1.00	
		国内适生范围 P_{24}	≥50%的地区能够适生	2.01~3.00	
			25%≤能够适生的地区<50%	1.01~2.00	
			<25%的地区能够适生	0.01~1.00	

续表 2

目标层	准则层 P_i	指标层 P_{ij}	评判指标	赋分区间	权重
有害植物风险综合评价值 R	潜在危害性 P_3	潜在经济危害性 P_{31}	如传入可造成的树木死亡率或产量损失≥20%	2.01~3.00	0.70
			20%>如传入可造成的树木死亡率或产量损失≥5%	1.01~2.00	
			5%>如传入可造成的树木死亡率或产量损失≥1%	0.01~1.00	
			如传入可造成的树木死亡率或产量损失<1%	0	
		官方重视程度 P_{32}	曾经被列入我国植物检疫性有害生物名录	2.01~3.00	0.30
			曾经被列入省(区、市)补充林业检疫性有害生物名单	1.01~2.00	
			曾经被列入我国林业危险性有害生物名单	0.01~1.00	
			从未列入以上名单	0	
	受害对象的重要性 P_4	对人类健康危害的情况 P_{41}	发病率≥5‰	2.01~3.00	等权
			1‰≤发病率<5‰	1.01~2.00	
			发病率<1‰	0~1.00	
		对林业生产的危害 P_{42}	能入侵各种林地	2.01~3.00	
			能入侵林地,不易形成优势种	1.01~2.00	
			不会对林业生产产生危害	0.01~1.00	

续表2

目标层	准则层 P_i	指标层 P_{ij}	评判指标	赋分区间	权重
有害植物风险综合评价值 R	受害对象的重要性 P_4	对环境的破坏性 P_{43}	具有很强的竞争能力,入侵并迅速形成优势种群而破坏环境	2.01~3.00	等权
			适应能力强,能与当地植物并存生长,对环境有一定的破坏性	1.01~2.00	
			适应能力差,竞争不过当地植物,不能形成种群	0.01~1.00	
	危险性管理难度 P_5	检疫识别难度 P_{51}	当场识别可靠性低、费时,由专家才能识别确定	2.01~3.00	等权
			当场识别可靠性一般,由经过专门培训的技术人员才能识别	1.01~2.00	
			当场识别非常可靠,简便快速,一般技术人员就可掌握	0~1.00	
		除害处理难度 P_{52}	常规方法不能杀死	2.01~3.00	
			常规方法的除害效率<50%	1.01~2.00	
			50%≤常规方法的除害效率≤100%	0~1.00	
		根除难度 P_{53}	效果差,成本高,难度大	2.01~3.00	
			效果好,成本低,简便易行	0~1.00	
			介于二者之间	1.01~2.00	

有害生物风险综合评价值(R)的计算:

根据各指标之间的数学关系和权重,采用叠加、连乘和替代等数学模型和量化计算公式,获得风险综合评价值 R。

准则层 P_i 的计算:

P_1 可直接根据表内的评分指标赋分得到,P_2 采用连乘关系,P_3、

P_5 采用累加关系,P_4 采用替代关系。计算公式如下:

$$P_2 = \sqrt[5]{P_{21} \times P_{22} \times P_{23} \times P_{24} \times P_{25}} \tag{1}$$

$$P_3 = 0.4 \times P_{31} + 0.4 \times P_{32} + 0.2 \times P_{33} \tag{2}$$

$$P_4 = \max(P_{41}, P_{42}, P_{43}) \tag{3}$$

$$P_5 = (P_{51} + P_{52} + P_{53}) \div 3 \tag{4}$$

需要注意的是,林业有害植物风险分析指标体系 P_2 项包括 4 个指标,即:$P_2 = \sqrt[4]{P_{21} \times P_{22} \times P_{23} \times P_{24}}$;$P_3$ 项的指标和权重都有变化,$P_3 = 0.7 \times P_{31} + 0.3 \times P_{32}$。

目标层风险综合评价 R 值的计算:

$$R = \sqrt[5]{P_1 \times P_2 \times P_3 \times P_4 \times P_5} \tag{5}$$

风险等级划分标准:根据上述分析获得风险综合评价值 R,建立起 R 值和风险等级的对应关系。结合当前林业有害生物发生情况,将林业有害生物风险分析等级划分为特别危险、高度危险、中度危险和低度危险 4 级,并赋以 R 值的区间(R 值保留小数点后两位):$2.50 < R \leq 3.00$ 为特别危险,$2.00 < R \leq 2.50$ 为高度危险,$1.50 < R \leq 2.00$ 为中度危险,$0 < R \leq 1.50$ 为低度危险。

参考文献

[1] 张巍巍,李元胜.中国昆虫生态大图鉴[M].重庆:重庆大学出版社,2011.

[2] 马爱国.林业有害生物防治历(一)[M].北京:中国林业出版社,2010.

[3] 李晓军,曲健禄,张勇,等.果树病虫害防控[M].济南:山东科学技术出版社, 2015.

[4] 林晓安,裴海潮,黄维正.河南林业有害生物防治技术[M].郑州:黄河水利出版社,2005.

[5] 郑州林业工作总站.郑州市第三次林业有害生物普查图鉴[M].郑州:黄河水利出版社,2016.

[6] 叶健仁,贺伟.林木病理学[M].北京:中国林业出版社,2004.

[7] 河南省林业厅.河南森林昆虫志[M].郑州.河南科学技术出版社,1998.

[8] 陈江燕,张景俊,李红艳,等.杨树溃疡病的致病机理及防治[J].防护林科技, 2003(4):60-62.

[9] 马瑞娟,俞明亮,杜平,等.桃树流胶病研究进展[J].果树学报,2002,19(4): 262-264.

[10] 杨庆忠.美国白蛾生活史观测及综合防治[J].河北林业科技,2007(5):27.